海洋行业公益性科研专项项目"海洋工程和海上溢油生态补偿/赔偿关键技术研究示范"资助

海洋工程生态补偿探究

隋吉学　等 编著

海洋出版社

2016 年·北京

图书在版编目（CIP）数据

海洋工程生态补偿探究/隋吉学等编著. —北京：海洋出版社，2016.3
ISBN 978 - 7 - 5027 - 9399 - 9

Ⅰ. ①海… Ⅱ. ①隋… Ⅲ. ①海洋工程 - 生态环境 - 补偿机制 - 研究 Ⅳ. ①X55

中国版本图书馆 CIP 数据核字（2016）第 061142 号

责任编辑：王　溪

责任印制：赵麟苏

海洋出版社　出版发行

http：//www. oceanpress. com. cn

北京市海淀区大慧寺路 8 号　邮编：100081

北京朝阳印刷厂有限责任公司印刷　　新华书店发行所经销

2016 年 3 月第 1 版　2016 年 3 月北京第 1 次印刷

开本：787mm×1092mm　1/16　印张：11.25

字数：260 千字　定价：48.00 元

发行部：62132549　邮购部：68038093　总编室：62114335

海洋版图书印、装错误可随时退换

《海洋工程生态补偿探究》
编写人员名单

（按姓氏笔画排列）

于永海　　马建新　　李亚楠　　袁秀堂

彭本荣　　苗丽娟　　陈　尚　　隋吉学

徐艳东　　郑苗壮　　索安宁　　饶欢欢

前　言

　　海洋是全球生物圈中最重要的生态系统之一，它不仅为人类提供了丰富的自然资源，还在全球气候调节、水分平衡、营养元素循环等方面发挥着非常重要的生态作用。海洋所提供的自然资源、生态系统服务以及环境条件构成了整个海洋生态系统，成为人类生存与发展必不可少的基础条件。但长期以来，由于对海洋生态系统服务价值认识不足以及政府宏观调控政策的长期缺位，人类在开发利用海洋资源的过程中局部破坏了海洋生态系统，不但造成海洋生物资源数量的衰减、海洋生物质量下降和生物多样性降低，还影响到海洋生态系统服务功能的正常发挥。

　　近年来，我国高度重视海洋生态建设和环境保护工作，制定和采取了一系列政策措施，大大地改善了我国海洋生态环境。但是，我国海洋环境政策仍存在着结构性的政策缺位，特别是缺乏相关的海洋环境经济政策。这直接导致环境利益及经济利益关系的扭曲，海洋生态保护和建设者得不到应有的经济回报而受益者却无偿享用海洋生态保护和建设的收益；海洋生态破坏者无需承担其破坏行为的责任和成本而受害者得不到应有的经济赔偿。如果不采取措施矫正这一扭曲的环境—经济利益关系，势必制约我国海洋生态建设和环境保护工作的深化实施。国内外生态环境保护的理论和实践表明，建立生态补偿机制，通过经济杠杆来解决生态环境保护与经济发展的突出矛盾，比用传统的命令－控制性手段更具明显的成本效益优势和更强的激励抑制作用。

　　由于我国海洋生态补偿尚处于起步、探索阶段，海洋生态补偿工作中仍存在"谁来补""补给谁""补多少""如何补"和"补什么"等一系列关键问题。为了有效解决我国海洋生态补偿工作中的以上关键技术问题，2011年海洋行业公益性科研专项支持了"海洋工程与海上溢油生态补偿/赔偿关键技术研究示范"项目。经过项目组四年的研究攻关，分别构建了海洋工程、海洋溢油的生态损害识别与因果关系判定技术、生态损害货币化评估技术、生态补偿/赔偿机制与模式、生态补偿/赔偿政策与工具等一整套海洋生态补偿关键技术方法体系，并进行了深入的示范应用研究，部分成果已经推广到我国海洋生态补偿的实践工作中，取得初步的社会经济效果。

　　本书是在总结和归纳该项目中海洋工程生态补偿研究成果的基础上形成的。全书分为海洋生态补偿概述、海洋工程生态损害识别与因果关系判定、海洋工程生态系统服务损害货币化评估、海洋工程生态补偿对象与标准、海洋工程生态补偿机制与模式、海洋工程生态补偿政策制度保障及海洋工程生态补偿应用示范等十章。由国家海洋环境监测中心、厦门大学、国家海洋局海洋发展战略研究所、国家海洋局第一海洋研究所和山东省海洋资源与环境研究院共同完成，具体分工如下：第一章刘岩、郑苗壮、彭本荣；第二章袁秀堂、彭本荣；第三章陈尚、苗丽娟、索安宁；第四章李亚楠、苗丽娟；第五章马建新、徐艳东；第六章李亚楠、马建新；第七章苗丽娟、索安宁、关春江、姜峰；第八章彭本荣、饶欢欢；第九章郑苗壮、彭本荣；第十章隋吉学、于永海、索安宁。全书由隋吉学、于永海、索安宁通纂和定稿。由于研究的深度和水平有限，一些评估方法尚待实践工作的进一步检验，不妥之处在所难免，敬请各位同行和广大读者批评指正。

海洋工程生态补偿关键技术研究与示范课题组

2015 年 1 月

目　次

第一章　海洋生态补偿概述

第一节　海洋生态补偿的概念与内涵

生态补偿的概念起源于自然生态补偿，强调的是生态系统在遭受外界活动的干扰、破坏后，功能的自我调节、自我恢复，体现了生态系统的内部稳定机制和自我调节作用，强调了生态系统自身的补偿。《环境科学大辞典》曾将自然生态补偿定义为"生物有机体、种群、群落或生态系统受到干扰时，所表现出来的缓和干扰、调节自身状态使生存得以维持的能力或者可以看作生态负荷的还原能力；或是自然生态系统对由于社会、经济活动造成的生态环境破坏所起的缓冲和补偿作用。"在环境管理术语里，补偿是指平衡社会大规模发展对自然和社会功能产生的不利影响，从中引出生态补偿的概念。Cuperus 等（1996）把生态补偿定义为对开发造成的生态机能和质量的损害进行替代，生态补偿的标准是栖息地状况、栖息地类型、单个物种或者种群的数量或生态功能没有净损失。张诚谦（1987）提出："生态补偿就是从利用资源所得到的经济收益中提取一部分资金，以物质和能量的方式归还生态系统，以维持生态系统的物质、能量，输入、输出的动态平衡。"这主要是自然生态意义上的补偿，强调的是通过人为干预修复生态系统，以维持其生态平衡。章铮（1995）提出生态环境补偿费是为了控制生态破坏而征收的费用，其性质是行为的外部成本。庄国泰（2004）提出把征收生态环境补偿费看成对自然资源的生态环境价值进行补偿，人为征收生态环境费（税）的核心是让损害生态环境的行为者承担责任，这种收费的作用在于它提供一种减少生态环境损害的经济刺激手段。王金南（2006）提出生态环境补偿费的主要目的在于提供一种减少生态环境损害的经济刺激手段，从而遏制单纯资源消耗型经济增长，提高生态资源利用率，同时合理地保护生态环境，兼为生态环境治理筹集资金。

可以看出，生态补偿的最基本含义是责任方对其开发活动造成的生态系统服务损失的赔偿，是一种惩罚性的补偿。但是随着生态建设实践的推进和经济发展的需要，生态补偿不局限于对环境负面影响的补偿，也包括对环境正面效益的补偿。彭本荣和虞杰（2011）提出的基于外部性内部化原则，将海洋生态补偿分为海洋生态建设补偿及海洋生态损害补偿。综合国内外学者研究并结合我国生态补偿实践，本研究认为生态补偿应是以保护和可持续利用生态系统服务为目的，以经济手段为主，调节相关者利益关系的制度安排，生态补偿既包含对损害资源环境的行为进行收费，也包含对保护资源环境的行为进行补偿。

一、海洋生态补偿与海洋生态赔偿

中文的"补偿"一般指"抵消（损失、消耗）、补足（缺欠、差额）"；"赔偿"一般指"因自己的行动使他人或集体受到损失而给予补偿"。就传统环境侵权损害而言，加害人对受害人所遭受损害的承担可以区分为"赔偿"和"补偿"。如我国台湾学者叶俊荣教授就认为，具备环境侵权赔偿责任构成要件时称为"赔偿"；而补偿"系指于侵权行为损害赔偿构成要件（即故意、过失、不法）有不足之场合，但仍基于特定原因，由'加害人'对被害人所遭受损害加以填补"。

在英语中也有许多相似的术语。比如，"compensation"一般可译为补偿或赔偿，"指对他人的损失给予价值相当的货币或其他等价物，以使受损一方当事人恢复其原有状况"；"reparation"也可译为损害的补偿或赔偿；indemnification 可译为补偿、损害补偿，"指为他人的行为所造成的损失进行赔偿或使之恢复原状的行为"。

所以"赔偿"主要由于责任方的过错行为（可以是故意、过失或者违法行为）对他人造成损害而给予受害者的补偿行为；而"补偿"则是由于责任方的无过错行为对他人造成损害而给予受害者的补偿。两者存在以下区别。

（1）发生的基础不同。赔偿由责任方的违法、过失、过错行为引起。补偿则由合法行为引起。

（2）性质不同。赔偿是责任方对其违法、过失、过错行为承担的一种法律责任，意在恢复到合法行为前所应有的状态。补偿是一种例外责任，意在为因公共利益而遭受特别损失的公民、法人或其他组织提供补救，以体现公平负担的精神。

（3）承担责任的方式不同。赔偿责任以恢复原状为原则，以金钱赔偿、返还财产等方式为辅。补偿责任多为支付一定数额的金钱。

（4）承担责任的时间不同。赔偿以损害的实际发生为条件。补偿既可以在损害发生前，也可以在损害发生后。

（5）程序不同。赔偿一般通过司法程序解决，而补偿一般通过行政程序实施。

基于补偿与赔偿含义的差异，海洋生态损害补偿与赔偿的发生基础、性质、程序、承担责任的方式等都不一样。海洋生态补偿是指经过批准利用海洋的人类活动对海洋环境与生态系统造成了损害，损害的责任方对自然生态系统进行的补救或者补偿。这里的生态损害可以理解为是合法行为引起的，生态补偿可以以货币补偿形式为主，通过行政程序解决。海洋生态赔偿是指未经批准而利用海洋的人类活动对海洋环境与生态系统造成了损害，损害的责任方对自然生态系统进行的补偿。海洋生态损害赔偿是责任方对其违法、过错、过失行为承担的一种法律责任，意在恢复到合法行为发生前所应有的状态。海洋生态损害赔偿以生态修复为主，一般通过司法途径解决。

二、海洋生态补偿的内涵

生态补偿的理论渊源可以追溯到庇古等对社会成本和私人成本之间差异的分析，倡导对正外部性活动给予补贴以及经济学对公共物品的研究。近20余年才真正开展对生态系统服务和生态效益补偿问题的研究，特别是1992年里约环境与发展大会召开以来，对生态补偿制度需求的增加以及在实践中补偿案例的出现，生态补偿已成为多个学科共同探讨的问题。

迄今为止，国内学者对于生态补偿的内涵尚未形成统一的认识，多从生态学、法学、经济学等领域对生态补偿内涵进行界定。基于破坏者、受益者、保护者在海洋生态损害和建设中的作用，又可将海洋生态补偿具体细分为海洋生态损害补偿和海洋生态保护补偿。

海洋生态损害补偿是指经过批准的利用海洋的人类活动对海洋环境与生态系统造成了损害，损害的责任方对海洋生态与环境进行的补救或者补偿。人类开发利用海洋的活动都要直接或间接地利用海洋生态系统所提供的各种服务，海洋生态系统服务所具有的收益性、稀缺性和权属性的资产属性决定了损害海洋生态系统服务时都必须支付相应的费用。海洋生态损害补偿可以理解为是合法行为引起的，生态补偿以货币补偿形式为主，通过行政程序解决。

海洋生态保护补偿是指政府代表公众对海洋生态的保护者和建设者为保护和修复海洋生态环境付出的直接成本和间接成本进行的经济补偿。从经济学的角度看，海洋生态保护补偿是对海洋生态保护者和建设者产生的外部性收益补偿，是一种正外部性的内部化的手段。

基于以上的研究并结合我国海洋环境保护状况，海洋生态补偿是以维护海洋生态与环境健康，可持续利用海洋生态系统服务，实现社会和谐发展为目的，运用政府和市场两种手段，建立一种以经济手段为主调节利益相关者环境、经济及社会利益关系的制度安排。海洋生态补偿具体包括以下内容。

（1）海洋生态保护补偿。政府代表公众对海洋生态的保护者和建设者为保护和修复海洋生态环境付出的直接成本和间接成本进行的经济补偿，是对海洋生态保护者和建设者产生的外部性收益补偿，是一种正外部性的内部化的手段。

（2）海洋生态损害补偿。海洋开发利用者在合法利用海洋资源的过程中造成海洋生态的损害，对海洋生态系统进行的补偿，是海洋生态损害的责任方对海洋生态系统服务损失的补偿，作为自然资源受托方的政府代表整个社会对海洋生态损害的责任方进行求偿，是海洋开发者造成的一种外部性成本，海洋生态损害补偿是将这种外部成本内部化的手段。海洋生态补偿可协调相关主体之间的利益关系，有利于促进人海关系和谐，确保海洋及海岸带可持续发展。

三、海洋生态补偿的特征

海洋生态资源的特点以及海洋生态补偿的内涵决定了海洋生态补偿具有以下特征。

（1）补偿的利益驱动性。在海洋资源的开发和利用过程中，由于海洋生态损害具有外部不经济性，而海洋生态保护具有外部经济性的特征，出于经济理性考虑，海洋开发主体缺乏进行生态保护或减少生态损害的动机。因此，需要实施海洋生态补偿来使外部收益或外部成本内部化，通过采取经济手段来驱使海洋生态资源的使用人或受益人在开发和利用海洋生态资源时能够将生态环境成本纳入其决策中，从而激励对海洋生态资源的保护行为、约束对海洋生态的破坏行为。

（2）补偿的激励性。在环境污染严重的情况下，为了实现经济、社会、生态资源与环境的可持续发展，海洋生态补偿还应具有激励性的特征。要加大补偿力度来激励对海洋生态资源与环境的保护和建设行为，因为海洋生态系统是支撑经济、社会发展的基础，而这一支撑系统目前已局部遭到严重破坏，在很多方面已接近崩溃的临界值。

（3）补偿的法定性。在海洋生态补偿机制建立和健全的基础之上，海洋生态补偿具有法定性的特征。因此，为了真正做到对海洋生态资源的合理开发和利用，国家应尽快在客观、全面评估海洋生态资源价值的基础上，制定海洋生态资源开发和利用的法定收费标准，从而保护国家作为海洋生态资源所有者的法定受偿权。此外，应以法律法规的形式明确界定各利益相关者在海洋生态补偿中的权利、义务和责任关系，明确规定补偿的标准和依据、补偿的方式与手段的选择以及补偿的法律程序等。只有在海洋生态补偿具有法律强制性的情况下，海洋生态补偿才能顺利实施。

（4）补偿范围的广泛性。海洋生态补偿除对已损害的海洋生态环境进行补偿外，还包括对未破坏的生态环境进行预防和保护以及因生境丧失而失去发展机会的区域内居民进行补偿，对实施保护活动的人员进行的补偿。

（5）补偿手段的多样性。海洋生态补偿不仅包括政府直接给予财政补贴、税收减免、返还等形式，还要真正做到生态—社会—经济的可持续发展，对生态敏感又缺乏基本生活条件的贫困渔民实行异地开发等多种方式，减轻人类对海洋环境的压力，让海洋生态系统得以恢复。

第二节　海洋生态补偿国内外实践

国外生态补偿实践最早出现在矿产资源开发生态补偿方面。美国以基金的方式筹集资金，德国则以中央政府（75%）和地方政府（25%）共同出资并成立专门的矿山复垦公司方式，对立法前历史遗留的生态破坏问题进行治理，对于立法后的生态破坏问题，则由开发者负责治理和恢复。在海洋生态补偿方面，主要围绕填海造地等海洋开发利用工程产生的生态破坏进行补偿。为了在海洋工程建设导致海洋生态系统服务受损后能够使受害者得到充分的补偿/赔偿，同时也为了能够及时地消除和降低对海洋生态系统的不利影响，国际上在制定相关条约和法律的基础上形成了海洋生态补偿机制。这些成功的模式和经验对于我国建立和实施海洋生态补偿机制具有非常重要的借鉴意义。

美国于 1989 年将湿地保育纳入法案，规定湿地"零净损失"的原则。这一法案将湿地补偿推向经济市场，并以"湿地补偿银行"的形式出现，在预期开发行为可能造成湿地破坏之前，首先购置、创建或培育新的湿地，以符合生态补偿和环境权益的要求。2008 年该法规进行了修订，目的是提高补偿湿地效率、扩大公众的决策参与度、简化项目的审查程序，并明确阐明了补偿湿地损失的三类备选方案，包括湿地补偿银行、替代费补偿及申请者负责另建一处湿地的补偿。第一种方法是湿地补偿银行，也是补偿最普遍的途径。该银行由各类湿地面积所组成，为别处海洋开发利用工程导致的湿地变更提供补偿。银行管理者需与管理部门就湿地位置、法律规定的管理责任、跨部门监管团队及湿地银行所服务的范围达成一致。海洋开发利用建设的湿地破坏者可以购买该银行的股份以补偿自己造成的湿地损失。第二种方法是替代费补偿，允许申请者通过修复、建立、增强或保护湿地抵消许可审核通过后带来的损失。开发者提供资金给获资格认可的非盈利性湿地修复机构，用以完成补偿要求。湿地修复机构融通各项湿地补偿资金，用于建立或修复湿地。第三种方法是让获得通过的申请者自行通过修复、建立、增强和保护湿地来负责补偿，补偿的地理位置可以与项目位置相邻，或同一水域的不同位置。由于申请者通常对保护湿地所知甚少，大多数人认为这是最不让人满意的方法。到 2005 年止，美国共有 38 个替代费补偿项目获得通过。

从 20 世纪 70 年代开始，荷兰为了促进鹿特丹港港口的可持续发展，计划从北海填海造地新增 20 km² 土地用于港口建设。该填海造地计划工程编制了长达 6 000 余页的生态环境影响评估报告，海洋生态补偿涉及 20 km² 自然海域的丧失，包括小面积的海洋自然保护区。根据《欧洲生境指令》规定，围填海必须要对其可能造成的自然和环境损失进行补偿，并在项目开始前就要提出自然生态补偿计划。港口建设单位采取了生态修复和货币补偿两种方式进行补偿，一是在邻近海域建立海床保护区；二是在邻近滩涂进行沙滩的修复以补偿填海区域沙丘的破坏；三是以货币方式补偿周边居民的财产和财务损失。2008年，港口建设单位修建了 25 000 hm² 海床保护区，并在邻近区域修建多处鸟类栖息地，用以补偿扩建工程带来的环境影响。工程建成后，往来船只日益增加，导致输入该海域的营养盐增加。为补偿这部分损失，港口建设单位沿着荷兰角与黛尔·海耶德（Ter Heijde）之间的代尔夫兰（Delfland）海岸带修建 35 hm² 新沙丘。除此之外，港口建设单位在鹿特丹海边修建了 3 处共 750 hm² 休闲自然保护区，达到了鹿特丹港口发展计划中提高生活品质的目标。

近半个世纪以来，随着全球性海洋生物多样性和海洋生态环境保护需求的不断增大，海洋保护区的数量不断增长。海洋保护区的建设极大地限制了渔业捕捞，使得原先位于该区的捕捞力量闲置或转移。如何补偿这部分闲置或转移的捕捞力量，成为了海洋保护区建设首要考虑的问题。1999 年，美国冰川湾海洋公园商业捕捞的关闭，为此开展了一项 2 300 万美元的补偿计划。该计划不仅包括渔民，还包括船员、渔业加工者、支持渔业捕捞的产业及社区。2002年，澳大利亚维多利亚州（简称"维州"）对 1995 年《国家公园法案（维州）》进行修订，将海洋公园与自然保护区纳入其范畴，并提出针对商业捕捞证合法持有者的补偿。补偿包括两种途径：第一，购买渔民手中的许可证使其退出渔业捕捞；第二，提供一定补助使其能够到其他地方进行捕捞作业。2004年，澳大利亚大堡礁海洋公园开展了"结构调整计划（SAP）"，SAP 包含 7 个部分，其中包括帮助退出捕捞的渔民及产业重置，帮助仍留在该行业的渔民重新适应新的捕捞规定等。2009 年，巴西大岛海湾（Ilha Grande Bay）为了解决海洋保护区与工业化捕捞之间的冲突，提出一项渔业共同管理协议与生态系统服务付费相结合的准生态补偿政策，包括政府为保护资源而购买渔民提供的服务，退出渔业捕捞及防止外来船只进入该区进行捕捞，渔民可作为哨兵以帮助政府官员实施现行规定，渔民与政府成为共同管理者。

我国在生态补偿方面的实践主要围绕生态补偿费、矿产资源补偿费进行展开。1990 年国务院提出要加强资源管理与生态建设，随后以文件形式明确指出"运用经济手段保护环境，按照资源有偿使用的原则，要逐步开征资源利用补偿费"。生态补偿费是针对生态环境造成直接影响的组织和个人征收一定的费用，以有效制止和约束自然资源开发利用中损害生态环境的经济行为。矿产资源补偿费是根据国务院 1994 年颁布施行的《矿产资源补偿费征收管理规定》，针对在中华人民共和国领域和其他管辖海域开采矿产资源的采矿权人按照其矿产品销售收入的一定比例计征。

我国的海洋生态补偿实践主要集中在渔业资源管理领域，如渔业增殖放流和人工鱼礁的建立等（连娉婷，2010）。在渔业增殖放流方面，从 20 世纪 80年代开始，首先在黄渤海开展了中国对虾增殖放流，随后在其他海域也开展了一定规模的渔业资源增殖放流，增殖品种也逐渐增加（史建生，2009）。近年来持续开展增殖放流活动和渔业增殖研究，沿海 11 个省（直辖市、自治区）海洋渔业增殖放流活动日益增强，目前我国增殖放流规模日益增大，社会参与程度不断提高，取得了良好的经济效益、生态效益和社会效益（杨宝瑞，2000）。在人工鱼礁方面，从 20 世纪 70 年代末开始，先后在广西、广东、辽宁、山东、浙江、福建、江苏等沿海省区开展人工鱼礁的试验（张明亮，2008）。2001 年广东省率先以省人大决议的形式确定投资 8 亿元，在沿海选定 12 个点建设 100 多座人工鱼礁（于广成，2006）。浙江省在温州的南麂、洞头，舟山朱家尖、嵊泗、秀山、宁波的鱼山岛、台州的大陈岛等地开展了大规模的人工鱼礁建设。

此外，我国还针对建设项目对海洋保护区造成的损害进行补偿。广东、大连、厦门从自身实际出发，对海洋自然保护区的生态补偿进行了一些尝试。2003 年港珠澳大桥需占用珠江口中华白海豚国家级自然保护区 750 hm²，其中 356 hm² 左右为永久性占用，在其环评报告中提出除工程环保措施外，额外增加 1.5 亿元的专项环境保护费，其中 1.2 亿元专门用于中华白海豚的专项研究与保护。2006 年，厦门市因建设杏林大桥而调整厦门中华白海豚国家级自然保护区的部分临时实验区，为此市政府积极拓展白海豚的生境，投资几十亿元开展环东海域养殖退出和退垦还海，并承诺大桥建成后将打开高集海堤。同时，建设单位在白海豚救护保育基地建设、白海豚活动观测、白海豚繁育科研等方面给予生态补偿 600 万元。2012 年广东省广州南沙湿地等 6 处具有典型代表性重点湿地区域开展生态效益补偿试点工作，政府将湿地保护纳入当地国民经济和社会发展规划，安排资金用于重点湿地的管护、宣传和监测，同时与当地村委会及农民签订湿地保护责任书，共同保护湿地（贺林平，林荫，2012）。

我国颁布了一系列单行法律法规，对海洋资源开发行为进行了规定，如《渔业法》《农业法》和《水污染防治法》。我国已把研究制定生态补偿条例列入立法计划，并将建立生态补偿机制纳入国家"十二五"规划。2009 年厦门颁布实施了《厦门市海洋环境保护若干规定》，规定"市海洋行政主管部门对涉海工程建设项目的环境影响报告进行审核或者核准时，应当组织对海洋环境和生态影响程度进行评估论证，根据评估论证结果提出相应的海洋生态补偿意见，并监督实施"。2010 年山东省颁布实施了《山东省海洋生态损害赔偿费和损失补偿费管理暂行办法》，针对因实施海洋工程、海岸工程建设、海洋倾废和水域滩涂养殖等导致海洋生态环境改变，引起海洋生态损失的单位和个人提出海洋生态损失补偿要求。由于海洋工程一般经过环境影响评价、海域使用论证等程序，并得到相关政府部门的同意，故没有违法、过错的含义，因此针对海洋工程的生态损害只能进行"补偿"，而非"赔偿"。

我国海洋生态补偿的主要手段包括以下几种。

（1）财政转移支付。我国自 1994 年实施分税制以来，财政转移支付成为中央平衡地方发展和补偿的重要途径，虽然海洋生态补偿并不是财政转移支付的重点，但是财政转移支付还是当前我国最主要的海洋生态补偿途径。自 2010 年起，我国以海域使用金返还资助形式相继开展了海域海岸整治修复工程和海岛的整治修复工程，以期有效保护海洋资源环境，提升资源环境承载能力。财政转移支付为生态补偿提供了资金保障，依靠财政转移支付政策，从制度上制订与保护海洋生态环境相关的生态补偿支出项目，用于保护和利用海洋资源。

（2）专项基金。专项基金是我国开展海洋生态补偿的重要形式，由国家或地方财政专辟资金，对有利于海洋生态保护和建设的行为进行资金补贴和技术扶助。中央海岛保护专项资金用于海岛的保护、生态修复，海洋捕捞渔民转产转业专项资金用于吸纳和帮助转产渔民就业、带动渔区经济发展、改善海洋渔业生态环境的项目补助。

（3）重点工程。海洋自然保护区、海洋特殊保护区、海洋公园以及海洋生态文明示范区建设，不但实现了海洋生态建设与生态修复的目标，而且对项目区内的居民提供了资金、实物和技术上的补偿，对于引导当地居民转变生产生活方式、减轻生态环境压力具有重要的积极意义。

（4）资源税、费。我国所有的资源类法律中，都强调了资源有偿使用的原则，如矿产资源费、水资源费和耕地占用费等。2011 年修订的《对外合作开采海洋石油资源条例》规定开采海洋石油资源征收资源税，《渔业法》和

《渔业资源增殖保护费征收使用办法》中关于征收渔业资源增殖保护费的规定等。

（5）排污收费制度。为减少陆源污染物入海，我国建立了排污收费制度。2000年新修订的《中华人民共和国海洋环境保护法》（简称《海洋环境保护法》）明确规定直接向海洋排放污染物的单位和个人，必须按照国家规定缴纳排污费，以法律的形式建立海洋排污收费制度。为了规范海洋石油勘探、开发中的排污行为，保护海洋环境，我国颁布了《海洋工程排污费征收标准实施办法》，确定了我国海洋工程排污收费的制度和标准。

（6）倾倒收费制度。依据1982年颁布实施的《海洋环境保护法》，我国建立了海洋倾废许可证制度。海洋倾倒收费制度有效地刺激企业和海洋开发工程建设减少污水的排放，促进排污单位加强污染治理，节约和综合利用资源，促进海洋环境保护事业的发展。

第三节　我国海洋生态补偿存在的主要问题

目前，许多专家、学者对于海洋生态补偿的相关理论问题进行了深入的研究并且取得了一定的成果，但仍对海洋生态补偿缺乏清晰的理论阐释。中央政府和一些地区的地方政府在森林、流域、矿产资源及自然保护区等领域积极开展了相关的生态补偿试点工作，对生态补偿/赔偿的政策、环境损害的赔偿责任、技术方法、标准等进行了积极探索。但是海洋生态补偿理论技术体系仍不完善，海洋生态补偿机制尚未完全建立。

第一，海洋生态补偿理论体系尚未形成。现有的研究主要就实施海洋生态补偿的必要性、实施中存在的问题及海洋生态补偿的原则进行了论述，关于海洋生态补偿机制的主客体、对象、标准和途径等诸要素的研究分散在不同学者的研究中，缺乏对海洋生态补偿机制的系统性研究。

第二，已有的关于海洋生态系统服务的类型、价值评估的研究虽然取得了一定进展，但对于利用海洋生态系统服务价值评估技术进行海洋生态破坏损失价值评估的研究甚少，具有明显的零散性和非系统性。

第三，缺乏对海洋生态补偿量计量技术的研究。海洋生态补偿涉及海洋资源经济价值变化量的计量，而相关计量方法的研究还存在空白。

第四，法律制度有待完善。我国涉及海洋生态补偿的法律法规很多，但是没有专门海洋生态补偿的立法，涉及海洋生态补偿的法律规定分散在多部法律之中，缺乏系统性和可操作性，也无法为我国海洋生态补偿实践提供指导和依据。现存的法律只是对负外部性的内部化，以收费为主，没有考虑对生态保护的正外部性进行补偿，未能发挥经济手段在补偿中的作用。海洋生态补偿法律体系存在结构性缺陷，各项单行法不统一，其权威性和约束力不足。海洋生态补偿还缺少下位法的具体规定，缺乏生态补偿的主客体、对象、范围、标准和资金来源的相关规定，使得在实施海洋生态补偿的实际工作中缺乏法律依据，既妨碍了海洋生态补偿的推动，也不利于规范我国海洋生态补偿实践的开展。

第五，补偿方式单一。我国海洋生态补偿主要是政府主导，以行政手段的强制性及宏观性解决海洋生态补偿问题。补偿方式主要是财政转移支付和专项基金等政府手段，企事业单位投入、优惠贷款、社会捐赠等其他渠道明显缺失，单一的投融资渠道很难保障海洋生态补偿的进一步推进。海洋生态补偿的市场化手段缺乏，严重制约了我国海洋生态补偿工作的实施。一对一交易、排污权交易和生态标签等市场交易体系尚处于探索阶段，并未形成正式的制度安排。

第六，技术支撑不到位。海洋生态补偿标准体系、海洋生态系统服务价值评估核算体系、海洋生态环境监测评估体系建设滞后，有关方面对海洋生态系统服务价值测算、海洋生态补偿标准等问题尚未取得共识，缺乏统一、权威的指标体系和测算方法。

因此，为使海洋生态保护和建设者得到应有的回报且破坏者和受益者支付相应的代价和成本，激励海洋生态保护和建设行为、抑制海洋生态破坏行为，应积极开展海洋工程生态补偿理论与技术方法的研究，为建立一种能够调整海洋生态保护和建设中的各相关利益方的生态环境利益及经济利益的协调机制提供技术支持。

第二章　海洋工程生态损害因果
判定与损害程度确定

第一节　海洋工程概述

海洋工程（Ocean engineering/Oceaneering）是指以开发、利用、保护、恢复海洋资源为目的，并且工程主体位于海岸线向海一侧的新建、改建、扩建工程，涵盖了我国现阶段的主要海洋开发利用活动。海洋工程按照工程类型及用途，可划分为：①围填海、海上堤坝、人工岛工程；②海上和海底物资储藏设施；③跨海桥梁、海上风电工程；④海底隧道、海底电缆管道工程；⑤海洋矿产资源勘探开发及其附属工程；⑥海上潮汐电站、波浪电站、温差电站等海洋能源开发利用工程；⑦大型海水养殖场、人工渔礁工程；⑧盐田、海水淡化等海水综合利用工程；⑨海上娱乐运动、景观开发工程；⑩海岸/海洋/海岛整治修复工程；⑪海洋观测、监测、保护、科研试验工程；⑫其他海洋工程。

海洋工程是海域使用的主要方式，关于海域使用方式有各种各样的分类方法，为了使海域使用类型更加标准、统一，这里以财政部、国家海洋局《关于加强海域使用金征收管理的通知》中用海类型界定为基础，将用海类型界定为5大类19个子类，具体见表2-1。

表 2 - 1　财政部、国家海洋局关于用海类型的界定

类型编码		类型名称	界　定
1		**填海造地用海**	指通过筑堤围割海域，填成能形成有效岸线土地，完全改变海域自然属性的用海
	11	建设填海造地用海	指通过筑堤围割海域，填成建设用地用于商服、工矿仓储、住宅、交通运输、旅游等的用海
	12	农业填海造地用海	指通过筑堤围割海域，填成农用地用于农、林、牧业生产的用海
	13	废弃物处置填海造地用海	指通过筑堤围割海域，用于处置工业废渣、城市建筑和生活垃圾等废弃物，并最终形成土地的用海
2		**构筑物用海**	指采用透水或非透水等方式构筑海上各类设施，全部或部分改变海域自然属性的用海
	21	非透水构筑物用海	指采用非透水方式构筑不形成有效岸线的码头、突堤、引堤、防波堤、路基等设施的填海用海
	22	跨海桥梁、海底隧道等用海	指占用海面空间或底土用于建设跨海桥梁、海底隧道、海底仓储等的工程用海
	23	透水构筑物用海	指采用透水方式构筑码头、海面栈桥、高脚屋、经营性人工渔礁等不阻断海水流动设施的工程用海
3		**围海用海**	指通过圈围海域开展经济活动，部分改变海域自然属性的用海
	31	港池、蓄水等用海	指通过修筑海堤或防浪设施圈围海域，用于港口作业、修造船、蓄水等的用海，含开敞式码头前沿的船舶靠泊和回旋水域
	32	盐业用海	指通过筑堤圈围海域用于盐业生产的用海
	33	围海养殖用海	指通过筑堤圈围海域用于养殖生产的用海
4		**开放式用海**	指不进行围、填或建设构筑物，直接开展经济活动，基本不改变海域自然属性的用海
	41	开放式养殖用海	指采用筏式、网箱、底播或以人工投苗、自然增殖海洋底栖生物等形式进行增养殖生产的用海
	42	浴场用海	指供游人游泳、嬉水的用海
	43	游乐场用海	指开展快艇、帆板、冲浪、潜水等娱乐活动的用海
	44	专用航道、锚地等用海	指企业专用的供船舶航行、锚泊的用海及其他开放式用海
5		**其他用海**	指上述用海类型之外的用海
	51	人工岛式油气开采用海	指采用人工岛方式开采油气资源的用海
	52	平台式油气开采用海	指采用固定式平台、移动式平台、浮式储油装置及其他辅助设施开采油气资源的用海
	53	海底电缆管道用海	指铺设海底通信电缆及电力电缆，输水、输气、输油及输送其他物质的非公益性管状输送设施的用海
	54	海砂等矿产开采用海	指开采海砂及其他固体矿产资源的用海
	55	取、排水口用海	指抽取或排放海水的用海
	56	污水达标排放用海	指受纳指定达标污水的用海

第二节　海洋资源与海洋生态系统服务

一、海洋资源的涵义

海洋资源是指存在于海洋之中的自然资源。按照狭义的资源观，海洋资源是指蕴藏在海洋中一切可以被人类利用的物质、能量和空间。按照这种对海洋资源的定义，根据资源的自然属性，海洋资源可以这样进行分类：

海水化学资源（如海水中的微量元素、常量元素等）；

海洋矿产资源（如油气资源、海洋固体矿产资源等）；

海洋动力资源（如热力、势能和动能）；

海洋生物资源（如藻类、贝类、鱼类等）。

海洋空间资源（如潮上带土地资源、潮间带滩涂资源和潮下带浅海资源、海面资源等）。

这一分类系统涵盖了传统的大部分海洋资源，但是显然有很大的缺失：它没有考虑海洋生态系统为人类提供的很多服务。如海洋浮游植物能够吸收二氧化碳，释放氧气提供的气体调节和气候调节服务；红树林生态系统提供的稳定岸线、抵御风暴的服务以及生境服务等。海洋资源提供的这些服务都是公共产品，如果不考虑这些服务的价值，必然导致这些公共产品的过度使用和破坏。

因此，在研究和实施海洋资源损害补偿时，应该按照大资源观来理解海洋资源。即海洋资源包括全部的海洋自然环境及自然资源，是指存在于海洋空间内能为人类提供有价值的服务流的自然财货。这些服务包括利用水面和航道进行运输，也包括利用水体和潮汐吸纳和稀释污染、进行水产养殖、商业活动、作为港口或者海洋公园等。海洋资源提供的其他服务还有利用自然生态系统和生境进行鱼类资源生产、生物多样性维护及其他产品，如风景旅游点的提供等。

按照以上对海洋资源的理解，可以对海洋资源进行这样的分类。表2－2中第一列是按照自然属性对海洋资源进行分类：海洋资源可以分为物质、能量、空间和生态系统。第二、第三列对海洋资源进行了细分。第四列是按照人类服务进行分类，包括食物、原材料、港口航运、旅游娱乐和科学教育。海洋资源之所以重要是因为它为人类提供了各种产品和服务，按照海洋资源为人类提供的产品和服务进行分类更加容易理解和接受。同时表中的生态系统服务包括了很多不是直接为人类提供的服务，如为野生生物提供生境服务。

表 2-2　海洋资源分类系统

按自然属性的分类			按为人类提供的服务分类
一	二	三	四
海洋物质资源	海水化学资源	海水中的微量元素、常量元素等	原材料
	海洋矿产资源	油气资源、海洋固体矿产资源等	能源
	海洋生物资源	鱼类	食物
		贝类	原材料
		甲壳类	医药
		经济藻类	基因资源
		海洋鸟类	景观
		海洋哺乳动物	科学教育等
		其他海洋野生生物	
海洋能量资源	海洋动力资源	潮汐能、波浪能、海流能	能源
		风能	
	温差、盐差	温差能、盐度差能	
海洋空间资源		海岸带土地	土地空间
		潮上带土地资源	养殖
		潮间带滩涂资源	港口航道
		潮下带浅海资源	旅游娱乐
		海面资源	
		地质遗迹	
生态系统服务		岩滩	气体调节服务：吸收 CO_2，释放 O_2
		沙滩	风暴潮防护、稳定岸线
		泥滩	养分调节：营养循环、养分储存
		红树林	污染处理与控制
		河口	废物处理
		海藻/海草	生境服务：珍稀物种和商业物种生境
		珊瑚礁	生物多样性维护
		咸沼泽	景观、旅游娱乐
		岛屿	科学研究和教育等

必须注意的是，海洋空间是一切海洋生态系统和生境的载体，所以有时空间资源与生境、生态系统会有一些重复，如沙滩、泥滩既是一种生境，也是一种空间资源。为了区别，本研究在分析空间资源时，侧重于海岸带土地、港口航道资源、旅游和养殖这些必须经过人类投入一定数量劳动后的资源，在分析生态系统时，侧重于自然生态系统提供的服务。

（1）海洋物质资源。海洋物质资源包括海洋非生物资源和海洋生物资源两大类。海洋非生物资源又可以细分为海水化学物质资源（如海洋中的微量物质和常量物质等）、海洋矿产资源（如海洋油气、海洋金属矿产、海洋非金属矿产等）。海洋生物资源包括海洋鱼类、贝类、甲壳类、海洋鸟类、海洋哺乳动物、海洋藻类、海洋微生物以及其他海洋野生生物等。这类资源为人类提供的主要是食物、原材料、基因资源、医药、景观等。

（2）海洋能量资源。海洋能源资源主要是指海洋动力资源，包括海洋潮汐能、波浪能、海流能和风能。人类从这类资源中获得的主要是动力能源。

（3）海洋空间资源。海洋为人类提供了各种生产和生活活动的空间，这些空间是人类重要的生产要素，如土地可以发展工业、农业、居住，滩涂可以用作养殖等。海洋空间资源包括海岸带土地、滩涂、浅海和海面等。人类对海洋空间资源的利用包括港口航运（港口、航道、锚地）、养殖、隧道/桥梁建设、土地开发（工业、农业、商业、居住用）、旅游娱乐等。

二、海洋生态系统服务的分类

生态系统服务是指人类从生态系统获得的各种收益。也可认为生态系统的产品与服务是指人类直接或者间接地从生态系统的功能当中获得的各种收益（Costanza et al.，1997）。Costanza，Daily 等被应用很广的文献，都对"服务"这一术语表述为"人类从生态系统获得的有形收益和无形收益"。生态系统服务的来源是生态系统的功能，不同的生态系统服务来源于生态系统的不同功能。功能和服务不是一回事，一个是源，一个是流，"源"是存量的概念，"流"是流量的概念。目前国际上的一致认识是，生态系统服务就是被人类利用了的那部分生态系统功能。也正是因为被人类利用了，所以也才为我们进行估价提供了可能。因为理论上，总是存在一个人们得到了什么好处，得到了多少好处，哪里的人们得到了好处的问题。

关于海洋生态系统的类型及海洋生态系统提供的服务，学术界还存在很多的争论，但是学术界一致承认海洋生态系统为人类提供了重要的服务，在决策中不能忽视。

彭本荣（2007）综合利用 CSE 和 LOICZ 分类学体系对海岸带/海洋生态系统进行了识别和分类，所界定和识别的具体海洋生态系统包括以下几项。

- 悬崖；
- 岩滩（包括多石海岸和卵石海岸）；
- 泥滩；
- 沙滩（包括沙丘和沙岸）；
- 河口（河口包括了多种生境，这里会有重叠，但又是相对独立的生态系统，很多的研究必须在河口的尺度上进行）；
- 含盐沼泽；
- 潟湖；
- 海藻；
- 海草；
- 珊瑚礁；
- 红树林；
- 近海海洋（主要是大陆架以内，没有出现以上生态系统类型的海域）；
- 岛屿。

明确了海洋生态系统以后，为了评估的需要，必须对海洋生态系统提供的服务进行识别和分类。表 2-3 是目前学术界最具代表性的关于生态系统服务的分类系统。根据这一分类系统（主要是《千年生态系统评估》中的分类系统）和以上对海洋生态系统的认识，可以对海洋生态系统提供的服务进行识别。

海洋生态系统提供的服务包括供给服务、调节服务、文化服务和支持服务等。

（1）供给服务。供给服务是指人类从海洋生态系统中获得的产品和空间资源等服务。仅指人类只需要投入少量的时间、劳动和能源就可以从海洋生态系统中获得的服务。包括以下几项。

食物：从海洋生态系统的植物、动物、微生物中获得的食物，如鱼类、贝类等。

原材料：从海洋生态系统可更新生物资源获得的建筑和制造材料（如木材、皮毛等）、燃料和能源以及饲料和肥料（磷虾、树叶和杂草等）。非生物的资源如矿物、化石燃料、风力和太阳能等不包括在内。

基因资源：包括从简单的野生物种和重要养殖物种的杂交得到基因资源，也包括通过复杂的生物技术和基因工程控制遗传的基因资源。

医药资源：包括来源于海洋生态系统的作为医药品的化学物质、作为合成这些药品的投入品、作为检验新药的动物以及作为研究药品的样品。

观赏资源：来源于海洋生态系统的作为装饰、工艺品、纪念品、收藏品用途的动植物。

水供给：源于海洋生态系统的湿地、河口的含水层过滤、保持和储存水。为人类活动包括消费、工农业生产提供可消费的水。

这一类服务大都与上面谈到的海洋物质资源是重复的，即包含于海洋物质资源之中。所以在分类体系中将这一部分资源放在海洋物质资源中进行分析。

（2）调节服务。调节服务是指从生态系统过程的调节作用中获得的收益。包括以下几项。

气体调节：通过吸收 CO_2 及其他气体，释放 O_2，维持全球空气质量，并对气候产生影响。

气候调节：海洋生态系统可以影响本地和全球的气候，在本地的尺度上，土地覆盖的变化可以影响温度和降水，在全球尺度上，生态系统通过吸收或者排出温室气体对全球气候起着重要作用。

水调节：径流、洪水、储水层补充的时间和大小都受到土地覆盖变化的强烈影响。还包括用农田或者城市代替湿地和红树林等改变系统储水潜力。

干扰调节：包括海洋生态系统如红树林和珊瑚礁的风暴和海浪带防护服务，红树林和湿地的洪水控制服务和侵蚀控制服务。

废物处理：包括净化水源和废物处理服务。海洋生态系统可以是淡水中杂质的来源，同时也可以过滤、转移和分解有害化学物质、营养盐和化合物。

生态控制：通过动态营养关系控制生物数量，从而控制病虫害和疾病的流行。

（3）文化服务。文化服务是指人类从海洋生态系统获得的非物质的收益，如丰富精神、认知发展、大脑思考、娱乐以及审美体验等，主要包括以下几项。

审美信息：人们在海洋生态系统不同方面发现的美学或者审美价值，反映在支持公园的建设、房屋地点的选择等。

娱乐旅游：很多人对休闲消费地点的选择部分依赖于某一特定地方的自然或者人文景观。

文化艺术：海洋自然生态系统是书本、杂志、电影、摄影、绘画、雕刻、民间传说、音乐和舞蹈、民族象征、时尚、建筑、广告等的动力和灵感的源泉。

精神和宗教：很多地方将精神和宗教价值归因于海岸带生态系统或它们的组成成分。生态系统对不同文化发展起来的知识系统的类型产生影响。

科学和教育：海洋生态系统，其组成及过程为社会的很多正式和非正式的教育以及科学研究提供了基础。

（4）支持服务。支持服务是支持和产生所有其他海岸带生态系统服务的基础服务，包括以下几项。

初级生产：通过光合作用将太阳能转化为碳水化合物和糖类，同时提供 O_2，吸收 CO_2。

表 2 - 3　生态系统服务分类比较

Costanza 分类	De Groot 分类	"千年生态系统评估"分类
	调节功能：维持必要的生态过程和生命支持系统	调节服务：从生态系统的调节作用获得的收益
	气体调节 气候调节 干扰调节 水调节 水供给 土壤保持 土壤形成 营养调节 废物处理 传授花粉 生态控制	气体调节 气候调节 风暴潮防护 水调节 侵蚀控制 人类疾病调节 净化水源和废物处理 传授花粉 生态控制
气体调节 气候调节 干扰调节 水调节 水供应 侵蚀控制 土壤形成 养分循环 废物处理 花粉传授 生物防治 避难所 生物生产 原材料 基因资源 休闲娱乐 文化	生境功能：为野生动植物物种提供适宜的生活空间	支持服务：支持和产生所有其他生态系统服务的基础服务
	残遗种保护区功能 繁殖功能	初级生产 土壤形成和保持 营养循环 水循环 提供生境
	生产功能：提供自然资源	供给服务：从生态系统中获得的产品
	食物 原材料 基因资源 医药资源 观赏资源	食物和纤维 燃料 基因资源 生化药剂、自然药品 观赏资源 淡水
	信息功能：提供认知发展的机会	文化服务：人类从生态系统获得的非物质的收益
	审美信息 娱乐 文化和艺术信息 精神和历史信息 科学和教育	精神和宗教价值 教育价值 审美价值 故土情 文化遗产价值 娱乐与生态旅游

土壤形成和保持：维持土壤的自然生产，保持可耕种的土地，防止侵蚀和淤积的损害。

养分调节：指海洋生态系统在营养盐的储存（N、P、S）和循环中的作用。

生境服务：包括为野生生物物种提供繁殖地，以保持生态和基因多样性；为具有商业价值的物种提供栖息地，维持商业性物种的收获。

本分类系统弥补了现行分类系统只考虑海洋物质资源而不考虑海洋生态系统提供的服务这一缺憾。同时本分类系统既考虑到了海洋资源的自然属性，同时考虑了人类的利用，便于理解和操作。

第三节　海洋工程生态系统服务损害因果判定

一、海洋工程生态系统服务损害

海洋工程开发建设过程中势必会引起周围海洋生态与环境的改变，打破原有的生态平衡，造成生态损害。海洋工程开发建设造成的生态损害主要发生在施工期，施工期生态损害包括直接损害和间接损害两个方面。直接损害主要限定在围填海、堤坝等工程施工范围之内，这些作业内容将直接损害底栖生物生境，并造成海洋生物的直接死亡。间接损害主要指工程施工致使施工水域的悬浮物浓度、污染物浓度、泥沙冲积、水动力作用过程等变化而造成的损害。例如在港口码头工程建设中，水下爆破及疏浚所涉及的范围内，将对海洋生物造成不同程度的致死效应，致使底质中污染物再悬浮，影响海洋生物生长，局部区域生物群落结构将会受一定的影响。建港浚深使原有的滩涂湿地不复存在，潮间带生物被破坏，围堤以内潮间带生物基本上绝迹。港口码头工程施工区水中泥沙悬浮物含量增加，导致初级生产力下降，工程建设排放的污染物（原油、COD等）和船舶的进出会对港池、码头附近水域中的生物生存环境产生较大损害，甚至引起局部生态群落的衰退；码头施工、锚地建设打桩过程中对海底泥沙的扰动，会对所在区域的底栖生物的生存环境产生短暂的损害。

二、海洋工程生态系统服务损害因果判定理论依据

海洋工程生态系统服务损害因果关系判定方法主要有：间接反证因果关系、优势证据说和事实推定说等。

（一）间接反证因果关系

间接反证因果关系指当主要事实是否存在尚未明确时，由不负举证责任的当事人负反证其事实不存在的证明责任理论。生态损害因果关系因素较多，如果被害人能够证明其中的部分关联事实，其余部分的事实则被推定存在，而由加害人负反证其不存在的责任。

（二）优势证据说

优势证据说是指在环境诉讼中，在考虑民事救济的时候，不必要求以严格的科学方法来证明因果关系，只要考虑举证人所举的证据达到了比他方所举的证据更优即可。优势证据说在一定程度上克服了传统因果关系理论给环境污染因果关系认定带来的困惑，如美国法院对于有害物质的认定就采用这种方法，注重保护人的现实权利。

（三）事实推定说

事实推定说（Factual Presumption Theory），又称盖然性说。该学说认为因果关系的存在与否的举证，无须以严密的科学方法，只要达到盖然性程度即可，所谓盖然性程度是指在污染行为和损害结果之间只要有"如果无该行为就不会有该结果"时即可认定有因果关系的存在。该学说要求被害者只需做盖然性的举证，只要原告能够证明以下两个事实，便可以认为存在因果关系。第一，工厂所排放的污染物质到达被害人居住的地区并发生作用；第二，该地区有多数损害的发生，则法院就可以认定因果关系的存在，除非被告人提出反证，证明因果关系的不存在，否则就不能免除其责任。事实推定说主要适用于涉及人身损害的公害案件的因果关系证明。

当前，国内外学者对海洋工程生态损害因果关系判定方法方面的研究很少。优势证据说讨论法律上的因果关系判定，而本研究只讨论事实上的因果关系判定，故优势证据说不适用于海洋工程生态损害因果关系的判定，事实推定说讨论由于污染事实的存在，导致生态系统服务损害的发生。本研究主要采用事实推定说（简单因果关系）来确定海洋工程与海洋生态系统服务损害之间的因果关系，即只要能推定海洋工程直接或间接导致了某生态系统服务损害的发生，即可判定两者间存在因果关系。简言之，如果没有 A（海洋工程），就不会有 B（生态损害）发生。

三、海洋工程与生态损害之间因果关系认定程序与方法

（一）海洋工程生态损害评估的基本程序

海洋工程的生态损害评估大致包括 5 个重要步骤：

①预评估，决定是否需要启动详细评估计划；

②调查识别海洋工程损害的海洋生态系统及其服务；

③评估海洋工程对生态系统服务的损害程度；

④评估受影响海域的海洋生态系统服务损害数量；

⑤估算海洋工程生态损害。

（二）海洋工程生态系统服务损害评估前准备阶段的程序与方法

这个阶段的主要工作目标是，当一个海洋生态损害事件发生后，确定是否需要开展生态损害评估，以及如果需要开展生态损害评估，需要做哪些准备工作等。其主要程序和方法有以下几种。

（1）实地监测，确定是否需要实施损害评估。海洋行政管理部门应及时对事故海域的环境质量进行实地监测，根据监测结果及专家评判，确定是否需要实施海洋生态损害评估。

• 海洋资源损害的评估，是一件很耗时费钱的事，对一些轻微污染损害进行评估，需要花费很大的成本，但收益却很小，经济上不合算。更加重要的是，对一些轻微污染损害，以目前的科学发展水平还没法进行评估。所以只有

损害程度达到一定的门槛才需要进行赔偿，并启动赔偿标准的评估程序。

• 若监测结果表明受影响海域的海洋资源及生境没有受到显著破坏，那就不需要进行生态损害评估；如果受影响海域生境受到显著影响，应当实施海洋生态损害评估。

（2）建立损害评估组织。一旦确定要实施海洋生态损害评估，就要马上建立损害评估组织。至少应当成立评估专家小组和评估协调小组两个评估组织。

海洋生态损害评估涉及自然科学、经济学、统计学和法学等多个学科，上述各个学科中至少应当有2~3个专家组成评估专家小组。

同时，评估工作也涉及大量的如日程安排、信息传递、会议召集、经费支出和资料保管等行政事务性工作，需要有权威的行政机构和官员及时进行协调解决。因此，相关部门必须组建评估协调小组。

（3）调查工程海域受损害的关键自然资源。评估专家小组成立后，应当按照确定的评估日程，及时开展对损害事件和该海域受损害的关键自然资源的调查。调查的主要事项包括如下内容。

A. 工程基本情况包括以下几项。

• 工程地点；
• 工程范围；
• 工程海域的环境状况，比如气候、水文条件和地形地貌等；
• 施工的日期、时间和持续期限；
• 泄漏的范围，如泄露的数量、空间和时间界限等；
• 其他不及时调查以后就无法获得的数据。

B. 受损的关键自然资源情况包括以下几项。

• 区域的自然资源及其提供的生态系统服务；
• 生境和物种类型；
• 处于敏感生命周期的自然资源种类；
• 独特的生态因子，如生境保护地、濒危物种等。

这些调查取得的数据、资料应详细做好记录，并指定专人保管。

（4）通知工程责任人并邀请其参加评估程序。调查结束后，评估协调小组应当及时将调查结果和准备开展生态损害评估的决定，通知工程责任人，并邀请其参加损害评估程序。

对于接受邀请的责任人，评估协调小组应告知其评估日程安排，以便其准时参加各个评估程序。

（三）海洋工程生态损害因果关系认定阶段的程序与方法

建立海洋工程生态损害补偿制度，是为了对海洋工程故所造成的生态损害给予补偿。只有当一个生态损害的发生是由于海洋工程造成的才能获得补偿。因此，海洋生态损害评估必须设立海洋工程与生态损害之间因果关系认定程序与方法。

（1）建立生态损害目录。为了全面评估海洋工程造成的生态损害，该目录应当包括所有已知和可能出现的海洋自然资源及其提供的生态和人类服务损害。具体应包括以下几项。

①每种受损海洋自然资源具体名称、所在区域和地点，如海草、海滩等。

②每种受损海洋自然资源提供的生态系统服务的种类，如清洁食物来源、幼小动物的栖息地等。

③每种受损海洋自然资源及其服务的受损程度和损失数量。受损程度可以死亡率、边际死亡率、栖息地受损比例和污染范围等表示。

④每种受损海洋自然资源及其服务的受损范围，包括空间范围和时间范围，空间范围以损害发生的总面积或数量表示，时间范围可以从该海洋自然资源及其服务受损到恢复到事故前状态的时间段表示。

（2）确定海洋工程对受损海洋自然资源及其服务的作用机制的主要工作包括以下几项。

① 确定海洋工程损害每种海洋自然资源及其服务的途径和方式。比如，海砂开采中悬浮泥沙的扩散过程和范围等。

② 收集受损自然资源及其服务接触到损害影响的证据。比如围填海毗邻海岸的侵蚀或淤积，海水中悬浮泥沙含量的陡然增高等。

③确定每种损害发生的机制。比如，鱼类因为高浓度悬浮泥沙窒息而死亡、动植物的细胞受损等导致其死亡、围填海导致毗邻港池严重淤积而废弃等。

（3）确定海洋工程与生态损害之间的因果关系。通过前面的两个程序，可以确定海洋工程区域内海洋自然资源与生态系统确实受到了损害。但是仅仅靠海洋工程和生态损害的事实，并不能得出这种生态损害就是海洋工程造成的，因为有很多的因素可能导致同样的损害发生。比如，海洋鱼类种群结构的自然变化也可能导致某一种海洋鱼种的死亡或繁殖力的下降，或者，某项海洋工程的作业导致某种鱼类行为的变异等。因此，必须设立判断海洋工程与海洋生态损害之间是否具有因果关系的评估标准。

由于海洋生态损害是海洋工程建设期与营运期发生一系列的生物、化学、物理等反应的结果，涉及相当复杂的科学因素，其间的有些过程我们不可能完全清楚，所以，不可能依靠一个单一的标准来评估二者之间的因果关系，而必须建立一个包括多个方面内容的标准体系。根据 Fox 等人的研究，海洋工程与海洋生态损害之间的因果关系评估标准体系包括如下 7 个方面的内容。

①或然性标准（Probability）。即海洋工程与生态损害之间存在统计学上的显著相关性。虽然仅这二者之间存在统计学上的显著相关本身并不能证明因果关系的成立。但是，如果二者之间不存在显著相关性，一般来说，就可以确定二者之间因果关系不成立。

②时序标准（Time Order）。即海洋工程与海洋生态损害的发生在时间上存在先后关系。虽然有的时候原因与结果之间的时间先后关系不是很明显，但是，海洋生态损害一般都只有在海洋工程建设和运营的一段时间才会出现。如果某种海洋自然资源及其服务损害在海洋工程前就已存在，一般来说，二者之间的因果关系就不成立。

③因果关系的紧密性标准（Strength of Association）。即海洋资源与海洋工程接近程度与其所受损害紧密相关。比如说，海洋工程区种群所受的生态损害与没有该工程相比增加了 20 倍，这就表明二者之间存在紧密的因果关系。如果只增加了 1~2 倍，我们就无法确定二者之间是否存在紧密的因果关系。

④特定性标准（Specificity）。即海洋工程与海洋生态损害之间具有特定的因果关系。比如说，海洋工程施工后或营运期，监测到事故区域内某个物种的再生率下降了，如果只是工程区内的种群的再生率下降而其他区域的种群没有出现同样的损害，那就表明二者之间存在特定的因果关系；如果其他区域如对照区内也出现了同样的再生率下降，那就表明二者之间不具备特定的因果关系。

⑤重复性标准（Consistency On Replication）。相同或类似的海洋工程与海洋生态损害之间的相关性已经多次出现过。如果不同的研究人员在其他海域内多个种群、物种都观测到了二者之间相同或相似的相关性，那就表明海洋工程与海洋生态损害之间的相关性不是偶然的。

⑥可预测性标准（Predictive Performance）。即当一个相同或相似的海洋工程出现后，对其所造成的海洋生态损害结果进行预测。如果观测结果与预测的相同，则表明二者之间存在稳定的相关性。

⑦一致性标准（Coherence）。即海洋工程与海洋生态损害之间的因果关系符合已知的自然史、生物学和毒理学知识；同时，二者之间具有剂量－反应关系（Dose－Response Relationship）。

一个海洋工程与海域内出现的某种自然生态损害之间的关系，如果能够符合上述 7 个方面的标准，就可以确定，二者之间的因果关系成立。与其中的任何一个标准不符合，都不能确认二者之间具有因果关系。对不能确认存在因果关系的某种生态损害，就应当终止其评估程序。

第四节　海洋工程生态系统服务损害程度确定

一、海洋工程生态系统服务损害程度评估原则

（一）科学性原则

为了确保评价的有效性，首先必须使评估具有科学性。因此，评估必须以对损害现场进行实事求是的调查研究为基础，评估结论应当以周密细致的科学

分析为依据，评估报告必须以大量采用现代科学手段所形成的数据资料为支撑。而所有这一切都必须是在认真应用现代科学理论原理的指导下，尽可能采用现代信息技术和现代先进监测技术手段来完成。

（二）合理性原则

必须使评估具有合理性。在对海洋生态损害的评估中，尽可能运用合适的方法对各种海洋生态系统服务进行评估，并取得合理的评估结果。

（三）客观公正性原则

海洋生态损害评估是实现海洋生态环境保护的重要内容和有效途径，也是实现生态损害赔偿和事件后续处理的关键性环节。坚持评估的客观公正不仅是维护当事双方的正当利益的需要，也是真正实现环境保护和维护社会公益的正确途径。因此，评估必须自始至终以科学的态度，坚持实事求是。

二、海洋工程生态系统服务损害程度评估理论方法

海洋生态损害评估方法比较典型的主要有：专家打分法，层次分析法，基于 PSR 模型的评价方法等。

（一）专家打分法 [又名"德尔菲法"（Delphi）]

专家打分法是指通过匿名方式征询海洋生态学有关专家的意见，对专家意见进行统计、处理、分析和归纳，客观地综合多数专家经验与主观判断，对大量难以采用技术方法进行定量分析的生态系统服务价值做出合理估算，经过多轮意见征询、反馈和调整后，对生态系统服务价值进行分析的方法。

专家打分法的程序如下。

（1）选择专家；

（2）确定生态系统服务，设计价值分析对象征询意见表；

（3）向专家提供背景资料，以匿名方式征询专家意见；

（4）对专家意见进行分析汇总，将统计结果反馈给专家；

（5）专家根据反馈结果修正自己的意见；

（6）经过多轮匿名征询和意见反馈，形成最终分析结论。

应当注意的是：①选取的专家应当熟悉海洋生态系统服务状况，有较高权威性和代表性，人数应当适当；②对每类海洋工程影响每种海洋生态系统服务的权重及分值均应当向专家征询意见；③多轮打分后统计方差如果不能趋于合理，应当慎重使用专家打分法结论。

专家打分法优点有：①简便。根据具体评价对象，确定恰当的评价项目，并制订评价等级和标准。②直观性强。每个等级标准用打分的形式体现。③计算方法简单，且选择余地比较大。④将能够进行定量计算的评价项目和无法进行计算的评价项目都加以考虑。

专家打分法缺点有：主观性强，可能导致评估结果的客观合理性较差。专家打分法适用范围广泛，适用于存在诸多不确定因素、采用其他方法难以进行定量分析的各类评估工作。

（二）层次分析法（Analytical Hierarchy Process，AHP）

层次分析法是美国著名运筹学家 T. L. SATY 教授提出的一种定性分析与定量分析相结合的决策评价方法，是将人的主观判断用数量形式表达和处理的方法。

其基本原理是把复杂问题分解成各个组成因素，又将这些因素按支配关系分组形成递阶层次结构。在每一层次中按已确定的准则通过两两比较的方式对该元素进行相对重要性的判别，并辅之以一致性检验以保证评价人的思维判断的现实性，然后综合决策者的判断，确定决策方案相对重要性的总排序。

层次分析法可分为 4 个步骤：

（1）分析系统中各因素之间的关系，建立系统的递阶层次结构；

（2）对同一层次的各元素关于上一层中某一准则的重要性进行两两比较，构造两两比较的判断矩阵；

（3）由判断矩阵计算被比较元素对于该准则的相对权重并进行一致性检验；

（4）计算各层元素对系统目标的合成权重并进行排序。

层次分析法优点是简洁实用。它为问题的决策和排序提供了一种简洁而实用的建模方法，把复杂问题简单化、条理化。综合考虑评价指标体系中各层因素的重要程度而使各指标权重趋于合理。而缺点是在构造各层因素的权重判断矩阵时，一般采用分级定量法赋值，容易造成同一系统中一因素是另一因素的5倍、7倍，甚至9倍，从而影响权重的合理性。层次分析法应用广泛，常用来解决诸如综合评价、选择决策方案、估计和预测、投入量的分配等问题。

（三）基于PSR模型的评价方法

"压力－状态－响应"（Pressure－State－Response，PSR）模型最初由加拿大统计学家Rapport和Friend（1979）提出，后由经济合作与发展组织（OECD）和联合国环境规划署（UNEP）于20世纪八九十年代共同发展起来的用于研究环境问题的框架体系。PSR模型使用"原因－效应－响应"这一思维逻辑，体现了人类与环境之间的相互作用关系。人类通过各种活动从自然环境中获取其生存与发展所必需的资源，同时又向环境排放废弃物，从而改变了自然资源储量与环境质量，而自然和环境状态的变化又反过来影响人类的社会经济活动和福利，进而社会通过环境政策、经济政策和部门政策，以及通过意识和行为的变化而对这些变化做出反应。如此循环往复，构成了人类与环境之间的压力－状态－响应关系。

PSR模型区分为3类指标，即压力指标、状态指标和响应指标。其中，压力指标表征人类的经济和社会活动对环境的作用，如资源索取、物质消费以及各种产业运作过程所产生的物质排放等对环境造成的破坏和扰动；状态指标表征特定时间阶段的环境状态和环境变化情况，包括生态系统与自然环境现状，人类的生活质量和健康状况等；响应指标指社会和个人如何行动来减轻、阻止、恢复和预防人类活动对环境的负面影响，以及对已经发生的不利于人类生存发展的生态环境变化进行补救的措施。PSR模型回答了"发生了什么、为什么发生、我们将如何做"这3个生态补偿的基本问题，特别是它提出的所评价对象的压力－状态－响应指标与参照标准相对比的模式受到了很多国内外学者的推崇，广泛地应用于区域环境可持续发展指标体系研究、水资源、土地资源指标体系研究，农业可持续发展评价指标体系研究以及环境保护投资分析等领域。

该评价方法基于 PSR 模型构建海洋工程开发活动对海洋生态系统服务影响程度评价指标体系，根据 PSR 模型中的压力、状态和响应子系统选择合适的评价指标，利用判断矩阵分析法对各个评价指标赋予不同的权重值，利用综合指数法计算评价得分，最后根据评价结果定量评价海洋工程对海洋生态系统服务影响程度。

三、海洋工程生态系统服务损害程度构建及优化

首先区别不同海洋工程或用海方式，在此基础上针对不同海洋工程对生态系统服务的损害进行因果关系推定，构建海洋工程生态损害评估指标体系，根据德尔菲法设计海洋工程生态损害不同指标权重专家打分表，遴选专家进行打分，确定各指标权重。同时根据构建的指标体系，收集评估区域生态背景资料并进行现场调查，评价其生态现状，对比工程前后生态系统损失量，评估出海洋工程生态损害程度。最后根据整个评估过程，发现问题，及时反馈并优化该评估程序，进行最终评估（图 2-1）。

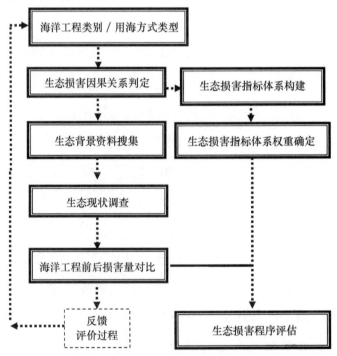

图 2-1　海洋工程生态系统服务损害程度评估优化程序

四、海洋工程生态系统服务损害程度评估方法

人类对海域的使用方式多种多样，而不同的人类活动对生态系统服务的损害程度不同。严格地说人类活动对海洋生态系统服务的损害程度应该通过模型和现场调查得到。但是这样成本很高，而且日常的用海每天在发生，其影响程度很难通过模型来模拟。根据财政部、国家海洋局《关于加强海域使用金征收管理的通知》将用海类型界定为五大类 19 个子类，采用专家评估的方法来估算各种人类活动对生态系统服务的损害程度，从而估算不同海域的不同人类活动对海洋生态系统的损害程度。

通过专家问卷调查法来进行海域利用方式对各种生态系统服务损害程度的研究。为了真实反映海洋工程对生态系统服务的损害程度，在调查时，调查专家应不少于 30 人，专家对工程区域海洋很熟悉。这些专家的专业包括海洋环境、海洋生态、海洋经济、海洋工程、海洋法律和海洋管理等。为了减少统计的方差，在第一轮调查结束后，要进行统计分析和一致性检验，并将统计结果反馈给专家，进行第二次、第三次调查，直到通过专家打分的一致性检验。依据各专家对不同海域利用方式对不同生态系统服务损害程度的打分，综合得出不同海域利用方式对不同生态系统服务损害程度（表 2 - 4）。

表 2 - 4　不同海洋工程类型生态损害评估指标与损害程度

海洋工程类型	A	B	C	D	E	F	G	H	I	J	K	L
填海造地工程	1.0	1.0	1.0	1.0	1.0	1.0	1.0	1.0	1.0	1.0	1.0	1.0
非透水构筑物工程	0.95	0.95	0.74	0.88	0.94	0.94	0.93	0.93	0.93	0.91	0.78	0.88
跨海桥梁	0.45	0.27	0.27	0.26	0.25	0.26	0.24	0.22	0.21	0.17	0.31	0.18
海底隧道/管线	0.04	0	0	0.04	0.08	0.10	0.02	0.02	0.04	0.05	0.02	0.10
透水构筑物	0.50	0.46	0.30	0.38	0.38	0.70	0.23	0.24	0.22	0.22	0.50	0.45
盐田	0.78	0.71	0.40	0.48	0.77	0.87	0.35	0.33	0.66	0.67	0.59	0.58
围海养殖	0.74	0.41	0.32	0.37	0.23	0	0.11	0.12	0.39	0.58	0.38	0.18
开放式养殖	0.12	0.09	0.02	0.21	0.14	0.02	0.04	0.05	0.09	0.21	0.11	0.11
港池/锚地	0.60	0.37	0.07	0.38	0.39	0.85	0.16	0.18	0.18	0.23	0.31	0.34

海洋工程类型	A	B	C	D	E	F	G	H	I	J	K	L
航道	0.60	0.44	0.03	0.46	0.46	0.91	0.16	0.17	0.17	0.17	0.34	0.33
海上浴场	0.60	0.36	0.09	0.39	0.43	0.82	0.16	0.16	0.12	0.37	0.07	0.17
油气开采	0.81	0.65	0.10	0.65	0.60	0.60	0.51	0.51	0.23	0.41	0.54	0.55
矿产开采	0.85	0.75	0.34	0.65	0.65	0.76	0.31	0.31	0.30	0.34	0.54	0.44
取、排水口	0.48	0.30	0.13	0.30	0.33	0.54	0.19	0.19	0.23	0.43	0.25	0.21
污水达标排放	0.40	0.25	0.05	0.33	0.35	0.48	0.09	0.09	0.34	0.35	0.32	0.19
海洋倾废	0.89	0.66	0.10	0.54	0.77	0.76	0.38	0.37	0.21	0.24	0.80	0.80
临时施工	0.60	0.39	0.22	0.45	0.28	0.29	0.16	0.16	0.24	0.28	0.40	0.21

注：A. 生境/繁殖地维持；B. 初级生产维持；C. 稳定岸线/防洪；D. 生物多样性维持；E. 渔业资源；F. 海水养殖；G. 气候调节；H. 空气质量调节；I. 营养物质调节；J. 污染处置与控制；K. 休闲与景观；L. 科研教育。

第三章　海洋工程生态系统服务损害价值货币化评估

第一节　海洋工程生态系统服务损害价值货币化评估的基本理论

在现代生态系统中，生态资源包含三方面的价值。一是固有的自然资源价值，即未经人类劳动参与而天然产生的那部分价值，它取决于各个自然要素的有用性和稀缺性。二是固有的生态环境价值，即自然要素对生态系统的功能性价值，包括维持生态平衡、促进生态系统良性循环等。对人类来说，这是一种间接价值。三是基于开发利用自然资源的人类劳动投入所形成的价值，包括为了保护和恢复生态环境所需的劳动投入。根据生态经济学理论，生态资源是有价值的。那么在利用生态环境时就应该支付使用成本，以补偿生态环境价值的损失。由受益者补偿其使用生态环境的成本，并使生态环境投资者得到相应的回报，这样才能保证各方利益的平衡。否则，就会严重挫伤生态环境投资者的积极性，加剧生态环境的破坏。因此，生态资源价值论是海洋工程生态系统服务损害价值货币化评估的基本理论。

一、生态资源价值的理论阐释

生态资源既有使用价值又有价值。生态资源的使用价值就是生态资源对人类社会的有用性，是能够满足人们某种需要的属性，如水产品、矿产、野生动物等都能够满足人类的某种需要，因此，都具有使用价值。生态资源整体的使用价值表现为生态系统的使用价值，如调节气候、繁衍物种、净化美化环境等。这种使用价值具有整体有用性、空间不可移性、用途多样性、持续有用性、共享性和负效益性等特点。

生态资源价值是通过生态系统服务功能体现出来的对人类直接或间接的作用。生态系统除了为人类提供资源服务之外，还为人类提供生态系统服务。所谓生态系统服务就是"毋须人类耗费劳动和资本就自发地免费地提供的服务"，如大气调节、气候调节、水调节、栖息地、营养物循环、遗传资源、娱乐、文化服务等。与传统经济学意义上的服务不同，生态系统服务实际上是一种购买和消费同时进行的商品，并且只有一小部分能够进入市场被买卖，大多数生态系统服务都属于公共物品或准公共物品，无法进入市场交易。

生态资源价值理论可以从生态资源的稀缺性、效用价值论、劳动价值论、级差地租等不同的角度进行阐释。从稀缺性理论的观点看，包括作为生产资料的海洋自然资源、海洋自然环境条件和海洋环境容量等在内的海洋自然环境资源是一种生产要素，随着经济的发展其稀缺程度在不断提高。这种稀缺性是自然资源环境的价值基础和市场形成的基本条件。从效用价值论的观点看，海洋自然资源环境的价值是一种主观心理评价，表示人对海洋自然资源环境满足人的欲望能力的感觉和评价，衡量尺度是其边际效用。从地租理论的观点看，绝对地租是土地所有者凭借土地所有权获得的收入。这里的"土地"实际上可以泛指一切自然资源，地租就是一种资源租金，自然资源环境的不同价值就体现在这种资源租金中。而资源级差地租是由于自然资源环境的优劣程度不同而造成的等量资本投入到等量的资源体上所产生的个别生产价格和社会生产价格的差额，可分为Ⅰ、Ⅱ两种形态。资源级差地租Ⅰ是由于资源的自然丰度和地理位置的差别而形成的级差地租；资源级差地租Ⅱ是由于在同一资源体上连续追加投资引起的资源生产率不同而形成的级差地租。

二、生态资源价值刚性规律

对于不同的生态系统，要想保持和利用它的生态价值，就要求人类活动对生态系统的干扰或破坏不能超过生态系统所能承受的极限，即一定要保持生态平衡。如果人类活动对生态系统的利用超过一定的生态阈值，就会导致"生态赤字"。这时生态价值呈递减趋势，直至完全崩溃，即生态价值完全消失。

生态资源价值并不符合边际效用递减规律而是具有刚性规律，如果人类活动引起生态系统的规模缩小到一定的程度，就达到了生态价值存在的极限。那么，即使生态系统仍然存在，生态资源价值的总量也不会按照相应比例缩小，生态资源价值的边际量也不会增加，而是生态资源价值完全消失。由边际效用递减规律可知，相对于资源的稀缺性而言，资源数量越少或规模越小，它的边际效用就会越大，由边际效用所确定的价值量就会越大。所以，在研究生态价值问题时，应注意边际效用递减规律的适用范围，只有生态系统的某项生态价值在达到刚性极限以上时，生态价值才会存在边际效用递减的情况；反之，就要运用生态价值的刚性规律来分析生态经济问题了。

三、生态资源价值是海洋生态系统服务价值货币化评估的理论依据

生态资源价值论是国内外学术界普遍关注的一个热点和难点问题。随着人们认识到环境资源的价值（并不等同于经济价值），进而认识到环境资源的价值应当在市场中得到体现。如果环境资源的市场价值能够被准确地评估和量化，那么它应该是建立生态系统服务价值市场最好的基础。

生态经济评价的基础是人们对于环境改善的支付意愿，或对于忍受环境损失而接受赔偿的意愿，对环境资源价值的评价也是如此。具体的评价方法有市场价值法、机会成本法、生产成本法、置换成本法和人力资本法等。现有的评价技术比较容易区分利用价值和非利用价值，但由于选择价值、遗产价值和存在价值之间存在一定的价值重叠，因此将它们分开是困难的。现有的价值构成分类框架也非尽善尽美，可能并没有包括生态系统价值的所有类型，特别是人类尚未知晓的生态系统的一些基础功能的价值。另外，目前对生态系统服务总经济价值的估算，采取分别计算各类价值然后加总的方法进行，这种方法的主要问题是割裂了各种生态系统服务之间的有机联系和复杂的相互依赖性。

海洋生态系统为人类的生存和发展提供物质条件和多种多样的服务，包括

为人类生活和生产提供场所（如滩涂、浅海、深水岸线等）和对象（如海洋的鱼虾贝类等）。海洋生态系统还能够吸收、转化、降解人类生活所产生的各类污染物。此外，海洋生态系统还为人类和其他生物提供生命支持和生存环境。

第二节　海洋工程生态系统服务损害价值货币化评估主要方法

生态系统服务价值货币化评估方法涉及利用经济学的概念和经验技术来评估人类活动损害导致的海洋生态系统服务数量或质量变化的货币价值。经济价值可以是支付意愿，即人们对某一产品或服务的改善或者增加愿意支付的最大数量，也可以是补偿接受意愿，即人们对某一产品或服务的损失愿意接受的最小补偿数量。净经济价值，即人们对某一产品和服务愿意支付的数量与实际支付数量之差，被用来作为产品和服务的真实价值。在经济学范畴，净经济价值是消费者剩余（消费者愿意支付的数量与实际支付的数量之差）和生产者剩余（企业实际获得的价格与其愿意出售的价值之差）的总和。所以经济价值评估基本上是寻求建立消费者剩余和生产者剩余的评估方法。经济价值评估途径可以用于评估在市场上交易的产品或服务的经济价值，也可以用于评估那些没有交易市场的产品和服务（如保护区珍稀野生动物）的经济价值。环境与自然资源经济学已经开发出了很多的经济价值评估方法。

一、市场法

市场法用于评估由于海洋资源损害活动导致的企业或者消费者所损失的产品和服务的价值，这些损失的服务和产品可以在市场上进行买卖。海洋资源损害如污染可以通过两种途径造成损失：①企业生产力的降低或成本增加；②消费者感知变化，减少对某一产品和服务的需求所导致的企业所有者的损失。这些造成的损害可以通过市场来进行估算。

（一）概念

海洋资源损害事件可能导致企业的利润（生产剩余或者经济租金）的损

失，或者引起市场产品消费者剩余的损失。例如如果由于海洋污染，人们由于害怕鱼类被污染而减少对鱼的需求，降低了渔民出售产品的价格，对旅游活动需求下降减少海岸带旅馆的入住率，或者降低了其他旅游者产品和服务的价格，这些都会引起生产者剩余的损失。如果污染降低了生产率或者提高了成本，企业也可能发生损失。例如，当污染引起海水养殖者或者开放海域捕捞者种类的死亡，企业生产率降低导致生产者剩余损失是非常普遍的事情。当污染发生时，为了防止污染扩散而关闭航道导致货轮延误，也可能引起损失。

生产者的损失可以持续很短的时间，也可能持续很长的一段时间。例如，在某一沙滩休闲的娱乐者，由于污染而临时关闭沙滩，可能在短期内遭受损失；在另一方面，捕捞业经济租金的损失可能持续很长一段时间。如果消费者担心污染很严重并且是持久性的时候，或者如果幼年鱼类的死亡在接下来的年份里导致收入减少，损失持续很长的情况最容易发生。

损失的生产者剩余可以通过企业收入的减少减去节省的成本（减少的可变成本）来估算。图 3-1 显示了生产者剩余损失的模型。这个图形给出了一个在某一区域从事旅游服务的企业一年的假设市场模型。污染导致旅游市场需求曲线从 $D_0 D_0$ 移动到 $D_1 D_1$，结果价格从 P_0 降低到 P_1，生产者剩余的减少为 $P_0 P_1 Q_0 Q_1$。此时要估算污染产生的损害必须同时评估收入的变化和成本的变化。如果损失持续了不只一年时间，那么必须评估每一年的 $D_0 D_0$ 和 $D_1 D_1$ 以及

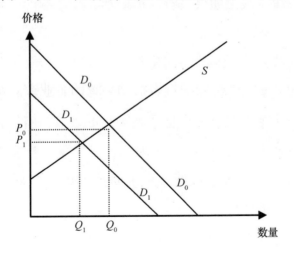

图 3-1 生产者剩余损失模型

相应的利润损失，并进行贴现来估算损失的现值。

尽管在理论上很简单，但是估算生产者剩余损失的实际过程非常复杂，特别是在估算需求曲线时，气候、经济和其他因素都会影响旅游的需求。因此，在估算时必须把这些因素考虑进来以便将污染的效果分离出来。

对于开放海域商业性捕捞渔业的伤害而造成损失的估算基本上沿着图3-1的同样逻辑思路，也是基于消费者和生产者剩余的变化。但是海洋渔业固有的生物学问题使得分析要复杂得多。例如，污染事件可能导致法律不允许的商业性捕捞渔业损失，包括鱼卵、幼虫、幼体（很多鱼类的幼体对污染非常敏感）的大量死亡，结果在污染事件中渔业服务的很多损失在污染发生好几年后才发生。这时必须用生态经济学模型来估算这些由于幼体死亡而导致持续很长时间的渔业损失。

（二）方法与数据

有好几种市场法可以用来估算服务的损失以及相关的损害。在具体案例中采用的方法依赖于预期损害的特点和显著性、数据的可得性、预算以及其他因素。下面描述了从简单到复杂的几种评估方法。

（1）使用控制区域。为了分离出损害活动（如污染）对受影响区域损害的效果，可以利用没有污染的沙滩、海洋公园或者捕捞鱼场作为控制区域来进行比较研究。这一途径假设如果没有污染的话，受影响的区域与控制区域具有相同的活动或者生物量。例如，为了估算一个区域最近受到污染沙滩的服务损失，可以把这一区域公共沙滩的访问量与一个控制区域（如附近没有受到污染的沙滩）的访问量进行比较，以便估算污染的实际效果。有一种情况需要注意，受影响地区的沙滩访问数量在夏季确实下降了，但是在控制区域的访问数也下降了（有时甚至下降得更多）。因此，必须进一步调查这一地区在受污染期间的气候（温度和降雨）数据，来说明沙滩访问数的下降是否是因为恶劣的气候而不是因为污染。

利用附近没有受影响的区域作为控制区域这一途径同样可以用于估算污染对鱼类、虾和贝类资源的损害以及相关服务损失。在控制区域，对常住鱼类和贝类的密度（每平方米的个数）进行取样。然后将这些数据与受影响地区的数据进行比较。首先使用这种方法估算出由于污染而死亡的鱼类和贝类数量（死亡的鱼类和贝类大都是没有达到捕捞尺寸的小鱼小贝）。然后预测鱼和贝类在成长过程中自然死亡情况，有多少可以成活，长大到可以被用于商业捕捞（如果他们没有被污染杀死的话）等数据。最后将这一数量转化等量的成年鱼类和贝类。

使用的控制区域必须与受影响的区域相似，并且就在附近。但是必须注意的是，如果受影响的区域与控制区域是相互替代的，则使用控制区域会高估损失的数量。因为原先使用受影响地方的人们现在使用了替代的地点，即没有受影响的地方不是真正的控制区域。这对于旅游娱乐价值评估是一个非常严重的问题，例如，如果当人们可以很方便地转移到附近沙滩/海洋公园进行旅游娱乐的话，将这些地点作为控制区域会高估服务损失。

（2）以成本增加估算损失。这种途径利用由于资源损害而增加的成本来估算损失。例如，如果污染影响了渔民们传统的捕捞区域，他们必须到更远的地方去捕捞。在这种情况下，可以通过估算由于污染造成的往来于更远的捕捞基地发生的额外成本，并以此作为损害的测度。注意这种途径假设收入没有变化，并且假设渔民到其他地方捕捞没有增加其他成本。

（3）历史数据推断法。在一种简单的情况下，可以用捕捞或者旅游业经营者上一年度的利润来作为推算数据，如果没有污染的情况下他们下一年度利润的最好测度，就是损害发生的经济损失。如果情况随着时间推移发生了变化，也可以用过去几年利润的加权平均值（如 3 年）来进行预测（也可以利用递减的权重，如 0.2，0.3，0.5 来显示最近期限的重要性）。如果以上所说的控制区域不合适，这种途径也可以用于估算沙滩或者公园访问数量的变化。

这种途径的优点是简单，但是比较机械，并且没有具体考虑很多因素。例如，在估算旅游或者沙滩的损失时，一些因素如气候以及其他可能影响结果的因素都必须考虑。在估算渔业损失时，考虑捕捞力或者其他额外投入（如更大型船只、发动机的使用）的变化是必要的。在一些情况下，考虑这些因素是非常重要的，但是这样做需要更集约分析，如市场模型。

（4）市场模型。这种途径通过统计分析建立市场结构模型来估算由于资源损害造成的生产者或者消费者的损失。例如，在很多污染案例中，关于污染宣传可能打击消费者对海产品的需求，从而降低海产品的价格和渔民的收入。如果有充分的市场数据，可以建立市场模型。这种模型将试图揭示市场价格随时间的变化。如果模型成功建立，它可以用于如果污染没有发生时，不同期间的价格情况。预测的价格可以同观察到的价格进行比较，其中的变化可以归因于污染的影响。

用市场模型估算由于消费者感知污染而导致价格降低的优点是，它使用了结构性框架将污染以及其他可能影响海产品价格的因素分隔开来。模型产生的假设是可以检验的，并且比较透明。与其他市场方法相比，市场模型法需要相当数量的数据，并涉及更多专业分析。因此，评估成本相对比较高。

（5）生态经济模型。海洋资源损害中大量的损害是由于海洋生物资源生产力减少而导致的生产者剩余损失。例如，海洋污染可能引起不同物种多个年龄段的大量死亡。在这种情况下，必须认识到服务的损失可能会持续好几年。为了得到渔业服务在不同年份（直到资源完全恢复）发生的损失，建立不同物种的生态经济模型是非常重要的。在建立生态经济模型时，关键的信息包括由于污染导致生物死亡的估算（非自然死亡）、自然死亡和捕捞死亡（每期可得的鱼存量或者可以收获的生物量的百分比）。有了这些数据就可以建立每一种物种每一年损失的矩阵，直到种群完全恢复。

生态经济模型的优点是这是一种很透明的途径，并且使用了结构模型来估算服务损失和损害。不足之处是，它需要具体物种的生物数据，这些信息除了一些最重要的商业捕捞物种外，一般是很难得到的。同时为了反映不确定性，还必须用敏感性分析来估计结果变化的范围。

（三）公共损失和私人损失的区分

海洋资源损害评估不能将同一损失计算 2 次，即不能有重复计算。但是在实践中区别私人损失和公共损失比较困难。例如，以上讨论的由于海洋资源损害导致旅游业利润的损失很清楚是私人损失还是公共损失；但是另一方面，开放海域的渔业资源很清楚是公共资源，但是渔业资源损害导致私人团体、渔民的损失。如何区分渔业资源损害的私人损失和公共损失呢？

渔民只有在他们至少获得正常回报的时候才从事某一活动。理论上，渔民由于资源损害引起的正常经济回报损失是私人损失，而由于资源损害导致的资源租金（经济租金）损失是公共损失（资源租金是代表公众的政府管理部门向资源使用者收取的租金）。但是在实践中，污染责任人经常迫于公众的压力赔偿给渔民经济租金损失，尽管有人认为这是一种公共损失，不应该赔偿给渔民。在美国，污染者常常同时赔偿给渔民和政府部门经济租金，尽管 OPA 特别强调不允许重复计算。因此，重复计算在现实中是一个经常出现的问题。

二、非市场的揭示偏好法

揭示偏好法的主要特征是在评估没有相关的交易市场交易数据的资源和/或服务价值时，通过观察人们利用这些资源的实际行为来估算这些服务的经济价值。代表性的揭示偏好法包括两种：旅行费用法和财产价值法（享乐价值法）。

（一）旅行费用法

旅行费用法主要用于评估海洋资源损害导致休闲活动（如沙滩使用、游泳、划船、钓鱼等）减少或者完全消失而产生的损失。一般说来，很多的海洋资源，包括沙滩、海洋公园、红树林和珊瑚礁等，是免费或者收取很少费用提供给公众娱乐性使用。尽管这些资源由于娱乐性使用被赋予价值，但是由于缺少价格信息，限制了利用传统的市场方法来进行需求或者价值的评估。旅行费用法提供了一种估算这种资源需求以及与资源使用相关价值评估的方法。

旅行费用法的基本前提是假设到一个娱乐景点旅行所要求增加的成本可以当做这一地点的价格。实际或者潜在的访问者到一个感兴趣的地点去旅游，通常是由于这些地点有被感兴趣的自然资源，如一个沙滩、海洋公园、清洁水质等，因此，这些地方具有娱乐价值。不同来源的旅游者到一个地方旅游承担了不同的旅行成本，可以观察到不同的访问率。由于旅行费用决定不同地方旅游者访问率的变化，定义了由旅行费用模型估算出来的需求关系。通过这一需求关系，研究者可以估算访问率与自然资源使用价值之间的关系，包括与用于娱乐的海洋资源损失相关资源损害之间的关系。

根据 Freeman（1993）和 Brown（1995）的研究，要估算需求曲线，旅行费用法有以下 5 个基本假设：①个体以同样的方式对旅行成本的变化做出响应，并且他们会对进入访问点的价格做出响应。②个体到一个景点是为了一个唯一的目的——旅行；③所有访问者在娱乐景点花费的时间相同；④花费在旅行上的时间没有效用（Disutility）；⑤估算每一个个体的时间机会成本是可能的。旅行费用法需要大量基于休闲活动参与者在受影响地区活动的调查信息。这些信息包括：①访问者数量；②访问这一地点的成本（包括时间的价值）；③访问替代地点的成本；④访问替代地点的数量；⑤每一个地点环境质量的测度。利用这些指标就可以计算由于污染问题产生的损失。

旅行费用模型包括三大类：环带旅行费用模型（Zonal Travel Cost Model）、个人旅行费用模型（Individual）和离散选择旅行费用模型（Discrete Choice Travel Cost Models）。

（1）环带旅行费用模型。环带旅行费用模型是旅行费用模型中最简单也是最早开发出来的一种方法，这种模型估算通过环绕着旅游地点不同环带区域访问者的平均需求来得到总的需求曲线。评估中假设旅行成本由不同的环带决定，个人品位、偏好以及其他影响娱乐行为的因素在每一个环带区域内是一个平均数。环带旅行费用模型应用的步骤如下：

①确定研究地点；

②识别围绕研究地点的环带区域；

③识别影响访问研究地点的因素（替代地点、人口统计学因素等）；

④收集每一个环带关于需求影响因素方面的数据；

⑤估计每一个环带的旅行成本；

⑥利用访问者随机样本（如果需要调查的话），识别每一个环带的访问者

数量；

⑦利用以上描述的程序估算旅行费用与需求关系；

⑧计算个人消费者剩余和研究地点的消费者剩余。

（2）个人旅行费用模型。与环带旅行费用模型通过统计资料调查的不同，个体旅行费用模型通过调查个体访问者来估算娱乐行为。通过调查问卷，研究者可以估算实际的旅行者数量和具体旅行者增加的费用。然后这些数据用于估算访问地点的平均个体需求曲线。分析步骤如下：

①确定研究地点；

②识别影响访问研究地点的因素（替代地点、人口统计学因素等）；

③推导估算时间机会成本的方法；

④设计收集访问者旅行费用及其他信息的调查问卷；

⑤利用调查，收集访问者代表性样本的数据；

⑥利用以上描述的程序估算旅行费用与需求关系；

⑦估算总访问者数量；

⑧计算个人消费者剩余和研究地点的消费者剩余。

（3）离散选择旅行费用模型。以上讨论的个人选择到一个地方访问的次数是基于旅行费用和其他因素，是连续的旅行费用模型。一些娱乐活动并不适合这种连续的旅行费用模型，在有些情况下个人每一个季节选择旅游地点时，或到某一地点访问一次，或根本不去访问。这种关键的选择涉及娱乐地点的离散选择。新古典主义的离散选择模型强调在不同特征的离散集合之内的选择。为了反映这种旅游目的地的选择行为，经济学家开发出了离散选择旅行费用模型。

离散选择模型建立在个人效用的随机模型的基础上，即所谓的随机效用模型（McFadden，1973；Hanemann，1984）。响应者被假设在众多地点选择方案中会选择一个给他带来最大收益或者效用的地点。这就是，如果给他两种选择或者两个潜在的旅游点 A 和 B，如果满足以下条件，他会选择 A：

$$U_A > U_B \tag{3-1}$$

U_A 和 U_B 分别代表从 A 和 B 中获得的效用。从研究者的角度看,效用是随机的,但是从响应者的角度看,效用是确定性的。研究者的模型中,响应者的效用由两个部分构成:随机的和非随机的,即

$$U_A = V_A + e_A \qquad\qquad (3-2)$$

U_A 是从选择 A 中获得的效用,V_A 是效用中可观察的组成部分,e_A 是效用中随机组成部分,这一部分效用从研究者的角度看是不可观察的。可观察的效用 V_A 的系数(反映 A 的特征对访问 A 的效用的影响)通过观察个人的离散选择进行估计,它是地点 A 和 B 的特征的函数。假设效用的固定组成部分在参数上是线性的,即

$$V_A = \beta' C_A \qquad\qquad (3-3)$$

β' 是 A 的一组特征集合的系数的向量,C_A 是相关的特征的向量。如果效用的随机组分(e_A)是正常分布的,这样可以应用单位概率模型(probit or normit model)。但是研究者一般假设一个 Weibull 错误分布来引出 Logit Model。在 logit 模型之内,选择 A 的概率是

$$P_A = \exp(\beta' C_A)/[\exp(\beta' C_A) + \exp(\beta' C_B)] \qquad\qquad (3-4)$$

系数 β 可以用最大似然法进行估计。β 向量的元素与每一个地点(选择)的特征产生的边际效用成比例,也与特征的边际经济价值成比例。边际经济价值(以货币为单位)可以用收入的边际效用除以特征的边际效用得到(Hanemann,1986)。例如在一个简单的线性关系下,一个典型的代表性响应者愿意以 β_j/β_k 的比例在特征 j 和特征 k 之间进行交易,非线性关系需要复杂得多的计算,但是遵循同样的基本框架。如果特征之一是访问一个地点的旅行成本,特征 j 的货币价值就是旅行成本的系数除以特征 j 的系数的比率,因此,可以用离散选择模型估算地点特征的货币价值(Hanemann,1986)。

离散选择旅行费用模型的优点分析如下。

①能够模拟"嵌套式"(nested)娱乐决策。娱乐选择经常是嵌套式,即基于预先的娱乐决定。例如,个人可能首先决定是否在夏季去钓鱼,如果答案为"是",然后再在众多的潜在的钓鱼地点之间进行选择。在这种情况下,钓

鱼地点的选择嵌套在是否去钓鱼的选择之中，离散选择模型可以清楚地设计来强调这种娱乐行为。

②能够模拟在无数地点之间的选择。因为离散选择模型是设计用来预测在很多离散选择之间的决定，因此，他们可以清楚地考虑在娱乐地点之间的选择以及环境质量变量对这些选择的影响。标准的（连续的）旅行费用模型在预测这种选择行为时受到诸多限制。

③可以模拟参与和不参与的决策。连续旅行费用模型是设计用来预测个人到一个具体地方旅行的次数。但是"个人"不能处理"参与"与"不参与"的选择。标准方法忽略了那些不参与的人，只强调那些已经到此旅游者的旅行选择。但是环境质量的改善能够引起一些原来的不参与者变成参与者。离散选择模型可以考虑这种行为，因而可以测量这些新参与者的收益。

尽管在一些情况下离散选择模型比连续模型具有显著的优点，但是从数据收集和计算的角度看，离散选择模型要昂贵得多。因此，研究者必须在这些方法的收益与实施这些方法增加的成本之间进行权衡。

（二）财产价值（享乐价值）法

财产价值（享乐价值）法20世纪70年代开始广泛应用于没有正式交易市场的自然资源价值评估（Braden and Kolstadt, 1991; Freeman, 1993）。财产价值法通过观察财产和/或房产的市场交易来评估他们附近的环境质量和自然资源的价值。财产价值法是一种揭示偏好或者间接的估算个人赋予环境或其他特征的内涵价格的方法。这种方法一般通过统计技术检查这些特征对财产价值的边际影响。

环境质量（如在海洋公园或者保护区的水污染、噪声、空气污染等）经常是影响财产市场价值的众多因素中的一个重要因素。这些因素包括房子质量和大小、到工作地点的距离、到商场和学校的距离等。环境质量的变化，如河口地区发现了有毒物质的污染可能减少这些财产的市场价值。通过财产价值法估算出来的由于污染引起的财产价值的变化，就提供了关于损害的评估信息。这种方法在估算持续时间很长的污染的损害中比估算临时污染事件（如溢油损害）更有用。但是基于享乐的途径对于评估由很多小的溢油污染对财产市场价值的累积性效果也非常有用。

（1）基本概念。享乐价值法根据财产的特征来定义财产。例如，房产的特征包括房子的大小、房间和卫生间的数量、结构特征、土地区划分类、土地是否拥有公共的下水和供水服务，周边是否存在湿地、离工作地点的距离以及到达舒适性地方如学校、公共服务、沙滩等的距离等。这些特征再加上其他一些特征定义了财产，并且决定它对潜在的购买者吸引力的大小。房屋购买方愿意为具有满意特征房子支付较高的价格，而对那些不具备适宜特征房子支付较低的价格。例如在一处房产在竞争市场上交易的国家，靠近公园或者犯罪率较低地方房产的价格比那些类似的房产但是没有公园或者附近的犯罪率较高的价格要高得多（其他条件相同的情况下）。享乐价值法通过统计比较统一地区大量的不同财产的价值，估算财产价值的某一部分与相关特征之间的关系。简单地说，享乐价值法是一种将在市场交易的商品组合的价值分割成各种组成部分的方法。这就是研究者可以估算每一个部分（如沙滩质量）的价值，尽管这些部分没有可观察的市场价值。

享乐价值法基于这样的假设：财产的价值（或价格）与他们的各种特征之间存在一种关系。这种方法使用多元回归分析来估算各种可观察的特征对财产价值的影响。这种技术同时比较大量不同价格、不同特征的财产。模型建立这样一种关系：哪些特征与更高的价值有关，哪些特征与低价值有关，哪些特征对财产价值没有明显的影响。模型同时估计了这些影响的大小——它可以预测某一具体特征具体水平的变化所产生的影响大小。通过这一技术，研究者可以估算不同的环境和海岸带舒适性对附近财产价值的影响。

享乐价值法的基本理念可以通过一个简单的例子进行说明。假设两处相同的房产建在一个沙滩上，房产1沙滩附近的水体比较干净，房产2沙滩附近的水体有慢性污染。房产1的价格为10万美元，房产2的价值为8万美元。

用这一简化的数据，房产1由于水体没有污染，比房产2高出2万美元的价格。将其他因素简化掉，我们可以认为由于持久性水污染导致的边际效用损失为2万美元。在现实世界中利用享乐价值法要复杂得多，并且涉及很多假设和精细问题，但是基本的概念是一样的。

（2）方法与步骤。享乐价值法是一种将产品分裂成他们的组成特征，估算这些导致产品有别于其他产品特征的内涵价格（价值）方法。例如，房产由于以下特征使得他们与别的财产不同：大小、结构特征、社区特征与舒适性资源接近程度（清洁的水源、开放的空间和农场）和其他环境特征。如果存在足够的具有这些特征不同的财产，估算这些特征对财产平均价值（价格）的贡献是可能的。

将经济学术语和复杂性放在一边，享乐价值理论的基本概念相对比较简单。假设我们要评估没有污染的水供给对附近居民的价值。当地居民通过他们愿意为靠近没有污染的水体的房产出更高的价格来揭示他们对没有污染的水供给的价值。统计技术可以用来隔离出没有污染的水供给与其他影响财产价值的因素的效果。也就是房产的价格（或价值）是房产的各种特征的函数，包括所研究的环境特征：

$$V = f（房产特征，邻居特征，环境舒适性特征）\qquad (3-5)$$

为了描述的简单，假设研究者通过本地房地产市场的数据，得到了下面一个线性统计方程：

$$V = \beta_0 + \beta_1（房间数量）+ \beta_2（到沙滩的距离）$$
$$+ \beta_3（社区大小）+ \beta_4（无污染的水供给）$$

V是房产销售的真实价格，这个线性方程的经济解释是对房屋所有者无污染水供给的边际经济价值是

$$\beta_4 = \delta V / \delta（无污染水供给）\qquad (3-6)$$

假设统计估计出$\beta_4 = 1\,000$，这意味着具有无污染水供给特征的房产比起其他有污染的房子平均销售价格高出1 000美元。现在假设溢油导致500套房产受到污染，假设房子特征平均。享乐价值法得出每一套房子的边际损失为1 000美元，房主们的总损失为500×1 000 = 500 000美元。

（3）享乐需求方程。前面所讨论的边际享乐价值并不代表需求方程。如

所估算的房产的边际价值（是附近公园的）函数一般并不代表对公园的需求曲线。尽管存在这种限制，所估算的边际享乐价值对政策分析具有重要的贡献。这种分析提供了"大小排序"，这在很多情况下对政策选择的评估提供了充分的帮助。在所分析的环境特征的变化很小的情况下，这种情况更加明显。但是在所分析的环境特征变化比较大的情况下，享乐需求方程可以提供对环境特征需求更加详细的信息，并且可以分析由于这些特征移动带来的消费者剩余变化。在实践中，研究者很少建立享乐需求方程，主要是因为相关的估算程序存在很多困难。

（4）财产价值模型的问题和复杂性。尽管享乐价值法具有很好的理论基础和很长的历史，但是也存在很多的经验问题，这些问题包括：方程形式的选择、缺乏相关特征的完整数据、将海洋生态价值与海洋生态改善价值分离的困难（为了估算无偏的内涵价值，将海洋生态改善价值与海洋生态价值分开是必须的，而在实践中将这两种价值完全分开是很困难的），最后包含在享乐价值方程中的特性经常是相关的，这种相关性导致内涵价格的分析更加复杂。例如，一座更大的房子建在靠近沙滩的地方，很难将沙滩的亲近性与房子大小对价格的效果区分开来。

除了这些问题外，准确的享乐价值分析依赖于运转良好的房地产市场，消费者有关于房产各种特征的准确信息。这种技术还假设有大量不同类型的房产可以购买，以便消费者可以买到他们最想要特征的房产，并能够组合和匹配不同类型的特征。最后，这种技术还假设可以得到适宜的关于影响财产价值特征的所有数据，如果房地产市场运转不好，市场上只有少数几种类型的房产可供选择，或者消费者没有关于房子特征的准确信息，享乐价值技术的应用可能带来偏误，即如果各种假设不能满足，估算的享乐价值会存在偏误。

还必须注意的是，享乐估算只是抓住了使用价值，与环境变化相关的非使用价值在享乐价格或者需求方程中没有出现。因此，在存在很大的非使用价值时，利用享乐价值技术是不合时宜的，除非使用了其他方法来抓住非使用价值。更进一步，享乐价值技术只能估算影响人们购买财产行为的环境特征变化价值，如果某一具体特征的变化没有对人们希望居住地点的变化，享乐估计就没有准确地估算财产的价值。

尽管存在上面所提到的理论和经验方面的问题，享乐价值法仍是仅有的几种通过可观察的市场数据来估算环境舒适性或/和环境政策变化的价值方法，这种方法避免了利用假想市场调查方法相关的很多问题。享乐价值法信息能够洞察潜在政策变化的收益。

三、非市场的陈述偏好法

陈述偏好法通过仔细开发的调查问卷来估算人们对所研究的资源及其服务变化的价值。该方法利用调查问卷构建一个并不存在的市场，让被调查者陈述他们对环境资源价值的看法，所以称为陈述偏好法。陈述偏好法主要包括或然价值法、或然选择法和或然行为法三种途径。

（一）或然价值法

或然价值法（Contingent Valuation Method，CVM）是利用仔细设计的调查直接询问人们对资源或者保护行动的数量或者质量的某一具体改变的支付意愿。在调查中，必须让被调查者清楚了解要改善的资源或者服务，所要实施的规划或者政策以及支付方式。利用调查得到的数据，通过统计方法来估算所研究的资源或者行动的变化的平均价值。然后将这一平均价值扩展到所有利益相关的人群，这样就可以估算出这一群体的总价值。例如，在一个具体的研究中，可以询问使用者关于保护用于潜水的海洋公园、珊瑚礁的可得性的支付意愿，或者询问公众对于预防某一具体资源免受污染的支付意愿。

（1）基本概念和方法。CVM 创造了一个没有交易市场的产品和服务的假想市场。有两种途径可以用来购建这一假想的市场。一种是开放式问题方法。在开放式问题的方法中，个人被询问为了避免某一具体资源及其服务的损失愿意支付的最大数量，即直接询问被调查者赋予某一资源的经济价值，如果某些人回答愿意为保护某一资源的行动支付 X 元，研究者认为这些人赋予研究资源服务的价值为 X 元。这些人拥有被保护的资源与拥有 X 元货币而失去这些资源的福利是一样的。这在含义上与现实的市场购买一样：你认为一辆汽车值 5 万元，你才会花 5 万元去购买它。

第二种构建假想市场的方式是"接受或拒绝"的提问方式（take - it - or - leave - it, TILI）。在这种方法中，个人被询问是否愿意为一个具体的资源政策或者规划支付 X 元。X 值是预先确定的一个水平。如果回答是，则这个规划或者政策对他们而言至少 X 元，如果回答否，则这一规划或者政策显然价值小于 X 元。与开放问题相比，这一途径需要更加复杂的程序来估算经济价值。

CVM 假设被调查者充分了解他们的偏好，可以做出有意义的响应，还假设被调查者的回答是经过深思熟虑的，是真实的，充分考虑了他们预算的限制以及替代的可得性。如果这些条件不能满足，可能会产生很多估算偏差问题，这些将在后面进行进一步讨论。

（2）CVM 分析步骤。CVM 估算损害的资源价值一般经过如下 5 个步骤。

①界定和识别受资源损害影响的人口数量，即相当于我们在经济分析中确定市场的范围。

受资源损害影响的人群可能是资源的直接现实的使用者，如沙滩访问者、珊瑚礁的潜水者、海洋公园的访问者等，在其他一些情况下，可能要包括潜在的资源使用者。尽管收集那些没有来访问人的信息是非常困难而且昂贵的。在很多情况下，一个很大地域范围的所有人群可能都是利益相关者。

②开发 CVM 调查工具。这包括清楚界定要评估的资源或服务、选择支付方式（如税收、收费、捐赠、或者其他提高成本的方式）、选择问题的方式（开放式问题，TILI 问题）、检验调查工具的有效性；

调查工具的开发设计也就是建立假想的市场，这是一个覆盖范围很广的过程。建立假想市场首先必须清楚地界定交易的商品，即所要评估的资源或者服务，其次要提出的改善资源或服务的规划/政策，以及改善资源成本的支付方式。这些对被调查者必须是合理而有意义的。为了保证达到这些目标，需要大量的开发设计工作，包括使用代表性群体进行预调查、重点会见面谈等。对一些重大的问题，如产生资源损害非常大而且存在很多争论的问题，还必须进行正规的示范调查。这种调查耗资颇大，只有在非常重大的事件中才实施。

有效性是 CVM 研究关心的重要问题。基本问题包括，CVM 的研究者是否是在估算他们认为他们需要估算的东西——经济价值或者其他的什么。有效性的一个检验标准是被调查者对所调查的商品的数量变化（范围的变化）非常敏感，即商品越多，支付意愿越小。如果被调查者对水平差异显著的资源具有同样的支付意愿，说明这个调查是无效的。为了保证调查的有效性，可以在进行正式调查以前，进行独立的小样本调查。在小样本调查中，利用除了所研究的资源水平不同外，其他问题都相同的调查问卷，进行研究资源变化范围的检验。

经过上述过程后，可以确定最终的调查问卷。一旦调查问卷的最终版本确定就可以开始进行调查。调查必须是在利益相关的人群中进行随机取样。利益相关的人群依赖于要调查的问题，例如可能是使用者，但是一些情况下可能是本地社区的居民，或者更大范围的居民。

（3）受影响人群随机取样调查管理。调查的形式包括面对面调查、邮寄调查和电话调查。调查形式的选择取决于问题的复杂性、重要性和预算。复杂的调查可能需要大量的可视性帮助，因此，必须利用面对面调查。如果问题很简单，电话调查是一种迅速而且成本低廉的调查方式，但是，如果很多利益相关者没有电话，不能使用电话调查方式。

邮寄调查使用得很普遍，但是响应率很低，因此无响应偏差成为一个重要的问题（例如只有最感兴趣的人响应）。进一步，如果有很多人不能阅读，响应的机会也会很低。

面对面调查方式可以展示复杂的信息（如通过地图、图片或者图表），并且使被调查者集中在调查问题上，问卷回收率也很高。但是面对面调查很昂贵，并且调查者可能会对被调查者产生负面影响。

由于利益相关者可能包括了不同语言和文化背景的人群，所以问卷设计以及调查本身必须考虑不同的语言和文化。但是这很费金钱，所以有可能一部分人群没有考虑进去。

（4）数据分析。从调查中获得数据后，这些数据必须仔细检查并输入电脑。为了将样本的数据扩展到整个感兴趣的人群，必须保证样本的代表性，或者进行调整将非代表性考虑进去。检查样本代表性的方法是将样本的社会人口学特点（如男女比例、年龄、收入分配等）与整个人群的社会人口学特点进行比较。

数据分析中所关心的重要问题是如何处理不合理回答、矛盾性回答以及无响应者的回答。如果一个被调查者回答的支付意愿与他的收入相比不合理，就会出现不合理回答。一般在最终分析中将一些极端的观察数据（如 WTP 超过收入的1%）去除掉（使用 TILI 提问方式则可以避免这一问题）。如果一个被调查者给出了零支付意愿，但是问卷的其他地方却显示出他认为所调查的资源或活动有价值，就出现所谓的矛盾性回答。在实践中，这样样本常常被去除，但是鉴别起来很困难。无响应问题在邮寄调查中特别重要，因为有些人因为阅读有困难不响应，以及只是最感兴趣的人回答问题，都会带来很大的偏误。保守的方法是将无响应者的支付意愿当做零来处理。

数据分析中的另外一个问题是使用样本的均值还是使用中值，在一定程度上这也是一个可靠性问题。例如，与中值相比，均值不是很稳定，从这点上看，使用中值比较好。利用中值还是均值还涉及一个哲学问题：如果认为个人偏好的强度非常重要，则可能更倾向于选择均值。如果一个人偏好多数原则，他更倾向于选择中值（中值是指样本中至少 50% 的人投票选择进行支付的值）。

（5）将样本的结果扩展到整个人群。将平均支付意愿扩展到整个人群，可以估算所研究资源损害的货币价值。

（二）或然选择法

或然选择法询问被调查者对不同的资源修复或者保育项目进行比较和排序，每一个项目可能给出2种或2种以上的资源数量和质量水平以及他们的相关成本，被调查者将挑选给他们带来最大收益的选项。如果有了很多被调查者的调查反馈，研究者可以经过数学统计方法推导出个人对资源的优先权，以及每个资源变化的价值。

或然选择法要求被调查者在各种竞争性的资源政策组合中做出简单离散性的选择，或者要求被查者对单一的政策建议进行投票：是或者否。由于这种方法相对简单，与公众投票相似，以及能够估算被调查者在各种资源特征或货币之间的权衡，所以这种方法经常被用来估算提出的环境和资源政策的收益。这种方法也可以用来估算海岸带环境资源的损害以及公众对政府采取的影响自然资源数量和质量的环境和资源政策偏好。

（1）问卷格式。或然选择调查问卷问题的形式是让被调查者在 2 种或者 2 种以上的方案，或者一组商品之间进行选择。最普遍的形式是离散选择，即要求被调查者在两组物理、环境、美学或者货币等维度不同公共和私人物品之间进行选择。例如被调查者被要求比较两种竞争性的环境政策建议，每一种政策建议具有不同的环境资源影响和不同的成本。通过分析被调查者对不同政策的偏好（根据既定的一套参数），研究者可以估算被调查者对环境产品或者政策结果的相对价值，以及他们在不同政策之间的权衡意愿。

（2）优点和问题。或然选择技术提供了一种灵活的估算公众的偏好和自然资源服务价值的途径。可以避免 CVM 中的几个潜在的问题。被调查者可能发现在环境和资源政策规划之间进行选择比赋予一个规划货币价值要容易得多。或然选择法提供了一种避免引起许多争议问题的方法。例如在本地有争议的垃圾填埋场的选址中，一个人可能被问及是选择 A 还是选择 B，提供每一个选址方案对资源的影响的信息。这样，选址是一个给定的选择。相反，在 CVM中，一个人被会被问及为避免在当地建立垃圾填埋场的支付意愿，很有可能产生象征性响应，并且产生抗议。或然选择还避免了调查人员的无意影响（如会见影响或者遵从偏差），因为被调查者很难猜测出调查者喜欢的选择。另外，由于问题是集中在规划（政策）的结果，或然选择避免了被调查者对方法而不是对结果的潜在反对。

或然价值法也有缺陷，一是在或然选择法很难让被调查者进行复杂的选择，一般公众很难理解具有 3 个以上特征复杂的政策或规划之间的区别，从而做出合理选择。而复杂性是一个现实的问题；二是与 CVM 一样，调查得到响应都是假设的。

（三）或然行为法

或然行为法询问被调查者，如果某一地点或者行动的质量或者访问成本发生变化，他们关于这种地点的使用将如何变化。对这些问题的响应可以用来分析条件需求或者条件价值，即如果条件发生变化，他们的行为会如何变化，这些行为变化反过来可以用来评估相关的价值。在真实世界的数据很难得到或者不可能得到的情况下，这是一种非常灵活，很有潜力的估算途径。正是因为这个原因，企业经常利用这种方法来做市场调查，以评估目前产品的潜在变化对需求的影响。

这种途径曾经被用来估算与港口沉积物污染相关的损失。McConnell（1995）在案例中，询问游泳者，如果当地沉积污染被清除掉后，他们是否还会到这个地方去游泳。响应的数据可以让研究者分析需求的变化以及由此导致的消费者剩余的增加。或然行为也被用在 Amoco Cadiz 溢油案中估算沙滩使用的损失。案例中，污染发生 1 年后到沙滩的访问者被询问，如果沙滩被污染了，他们愿意走多远的距离去寻找清洁的沙滩。答案让研究者可以估算由于溢油污染导致的消费者剩余的损失。

从实践看，没有单一的或然行为模型，或然行为问题数据的分析方法依赖于所考虑行为类型。例如如果询问的或然行为问题是关于市场购买的，就可以利用与评估与市场购买相关的价值的方法来分析这些数据，如果或然行为问题是关于或然旅游或者娱乐的行为，则可以用旅行费用模型来对这些数据进行分析。在效果上，或然行为方法让研究者在行为不可观察的情况下，似乎能够观察某一种类型的行为，并以此评估损害。除了询问的问题是集中在行为以外，或然行为法调查设计和调查方法与 CVM 非常相似。因此，或然行为法可以作为一种复合的方法，结合了揭示偏好和陈述偏好两种方法，但是这种方法理论支持不足。

四、非市场资源损害价值评估的其他方法

（一）生产力法

生产力法首先估算受损自然资源服务产出的变化，然后估算这些服务的价值——如果这些服务具有交易市场，可以用第一部分分析的市场价格法进行估算；如果这些服务没有市场价格，就用非市场法进行评估。要成功实施这种方法，必须清楚知道资源和资源提供的服务之间的关系。

在海洋生态系统、生境或者生物资源受到损害活动影响时，生产力法非常有用。例如，红树林、珊瑚礁、海草和湿地提供了大量有价值被人类利用的生态系统服务，同时作为栖息繁殖地和生境，为商业性和观赏性鱼类、虾类、螃蟹等的生产有着重要贡献。如果以上生态系统服务的生产力能够估算，而破坏活动损坏了某一面积，这样就可以很容易地估算出损害的价值。利用生产力法估算损失，研究者可以用单位面积单位服务的经济价值乘上所损失的红树林或者珊瑚礁面积。

（二）基于成本的评估方法

基于成本的评估方法包括以下几项。

（1）成本避免法

一些海洋与海岸带生态系统服务的存在能够使社会避免如果没有这些服务时所发生的成本。如湿地提供的洪水控制服务可以避免财产损失，污水处理服务可以避免健康支出成本。这些海岸带生态系统服务的价值可以通过由于这些服务的存在所避免的成本（损失）进行评估，或者通过如果没有生态系统服务所发生的成本（损失）进行评估。

（2）重置成本法

一些海岸带生态系统服务能够通过人造的系统来代替，这些海岸带生态系统服务的价值可以通过重置这一服务的成本来评估。如湿地处理废物服务能够全部或者部分通过人造处理系统来代替，湿地废物处理服务的价值就可以通过人造处理系统的成本来评估。重置成本法基于以下假设：①危害的数量可以测

量；②置换费用可以计量，且不大于生产资源损失的价值，因而置换在经济上是有效率的。如果这一条件不满足，置换就没有意义；③重置费用不产生其他连带收益。

（3）替代成本法

一些海岸带生态系统服务可以被其他的服务替代，这些海岸带生态系统服务的服务价值可以通过提供替代服务的成本来评估。替代成本法与重置成本法非常相似，不同的是替代成本法不一定要人工重置这些服务，可以通过其他替代服务提供。

以上3种方法对海岸带生态系统服务价值的评估不是基于人们对服务的支付意愿，而是用避免的成本、重置成本或者替代成本来评估生态系统服务的价值。可以称之为基于成本的方法（Cost – based Methods）。这3种方法是基于这样的假设：如果人们为了避免失去生态系统服务所引起的损害发生了成本，或者重置这种生态系统服务，那么生态系统服务的价值至少等于人们为替代这些服务所发生的成本。与基于支付意愿（收益）的方法相比，这种基于成本的评估方法的优点是比较方便，因为产生收益的成本数据总是比收益的数据容易得到。这类方法也有它们的缺点，主要包括：①它们假设修复损害或者替代服务的成本是收益的有效测度，但是成本并不总是能准确测度收益的；②这种方法没有考虑社会对生态系统服务的偏好，或者个人在没有生态系统服务时的行为。在没有公众对替代的服务需求的证据时，这些方法评估出来的价值不能作为生态系统服务的价值；③这些方法需要市场产品与自然服务之间的替代程度方面的信息，这是很难得到的，而且替代产品很难提供与自然系统一样的服务。被替代的服务常常只是生态系统提供的服务的一小部分，所以服务的价值可能被低估。

（三）收益转移法

收益转移法是采用在一个区域关于资源/服务价值估算的成果（原始研究），并把它应用到一个新的研究地区（应用地点）。使用这种方法的优点是容易而且成本很低，当马上需要答案而且答案的准确性要求不是那么高时，收益转移法经常被用来作为快速评估的方法。

在海洋资源损害评估中，收益转移法最可能应用的地方是小损害事件，因为与大事件相伴的大诉讼请求需要仔细检查，而收益转移法经常比较粗糙，很难经得起仔细的批评性的审查。当然确定事件的大小并不是很直观的，一般的做法是，事件发生后，先做一个初步评估，根据可能的损害的大小，判断收益转移法估计得是否合理。

尽管收益转移法对小污染事件损害的估算是一个高成本效益的方法，但是这种方法的潜在偏差也是很大的。由于这种原因，收益转移在经济学家中是一种争议较大的方法。

收益转移法可以通过两种方式实施：①直接应用原始研究所估算的价值；②通过对原始研究所估算的结果进行适宜的调整，来得到研究地点的资源价值。例如在研究地关于娱乐价值的原始研究，可以通过比较原始地点和政策实施地点的人均收入以及活动的不同特征（健康、生产力、珊瑚礁使用、娱乐性垂钓的捕获率等），进行调整，得到政策实施地娱乐的价值。

收益转移要得到接受，必须满足一些标准。原始的研究必须具有很高的质量，原始研究地的行动、面积、质量变化等都必须与应用地方相似。原始研究地点和政策实施地点相差越大，转移的收益潜在的偏差就越大。

第三节　海洋工程生态系统服务损害价值货币化评估指标与模型

海洋工程生态系统服务损害价值货币化评估指标包括食品与原材料供给服务损害价值货币化评估指标、气候调节和维持空气质量服务损害价值货币化评估指标、干扰调节服务损害价值货币化评估指标、养分调节服务损害价值货币化评估指标、废物处理（环境容量）服务功能损害价值货币化评估指标、繁殖与栖息地服务损害价值货币化评估指标、基因资源供给服务损害价值货币化评估指标、自然水道服务损害价值货币化评估指标、生物多样性服务损害价值货币化评估指标、休闲娱乐与景观服务损害价值货币化评估指标、科学研究和教育服务损害价值货币化评估指标以及填海造地对相邻海域的海洋资源损害价值货币化评估指标等，以上各指标的货币化评估模型如下。

一、食品与原材料供给服务损害价值货币化评估模型

海洋生态系统提供丰富的水产品、原材料等物质资源是海洋生态系统主要服务功能之一。由于海洋水产品和原材料具有实体交易市场，可以采用市场价格法与生产率变动法来核算海洋工程造成的水产品、原材料生态系统服务价值损害，即通过海洋工程导致的生境变化引起的水产品、原材料质量与数量的下降或减少造成有关海洋产业利润的改变，来估算其造成的水产品与原材料供给功能的价值损害；也可根据被围海域内各种水产品、原材料的损失量及其市场价来估算原材料的经济损失，从而反映出因生境受损造成的水产品、原材料供给服务功能价值损害。

（1）海水养殖食品供给功能损害价值核算模型：

$$P_q = \omega_s \sum_{i=1}^{n} S_i (R_{qi} - C_{qi}) \tag{3-7}$$

式中，P_q 为生境受损导致的海水养殖功能损害价值（万元/a），ω_s 为海洋工程对海水养殖功能损害程度，R_{qi} 为单位面积某养殖产品近 3 年的平均收入 $[元/(a \cdot m^2)]$，C_{qi} 为单位面积某养殖产品近 3 年的平均生产成本 $[元/(a \cdot m^2)]$，S_i 为某产品的养殖面积（m^2），n 为研究海域选取的养殖品种数。

（2）海洋捕捞食品供给功能损害价值核算模型：

$$P_{ft} = \omega_b \frac{R_{ft} \cdot \alpha}{S_0} \times S \tag{3-8}$$

式中，P_{ft} 为生境受损导致的海洋捕捞功能的损害价值（万元/a），R_{ft} 为研究海域海洋捕捞近三年的平均收入（万元/a），ω_s 为海洋工程对海洋捕捞功能的损害程度，α 为海洋捕捞近三年的平均利润率（%），S_0 为研究海域的总面积（m^2），S 为围海养殖面积（m^2）。

（3）原材料供给功能损害价值核算模型：

$$P_r = \omega_c \sum_{i=1}^{n} S_i Q_i (P_i - C_i) \qquad (3-9)$$

式中，P_r 为生境受损导致的原材料供给服务损害价值（万元/a），ω_c 为海洋工程对原材料供给服务损害程度，S_i 为围海区域内第 i 类原材料的生长面积（m^2），Q_i 为围海区域内第 i 类原材料单位面积产量（kg/m^2），P_i 为第 i 类原材料的市场单价（元/kg），C_i 为第 i 类原材料单位质量的成本（元/kg）。

二、气候调节和维持空气质量维持服务功能损害价值货币化评估模型

海洋生态系统的气候调节和维持空气质量服务是指海洋生态系统通过浮游植物及其他植物（包括红树林）的光合作用吸收 CO_2 和其他气体，释放 O_2 来维持空气的质量，并对气候调节产生作用。填海造地、围海养殖等海洋工程造成红树林和浮游植物等消失或受损，严重破坏了海洋生态系统的气体调节服务功能。可采用重置成本法，即重置海洋生态系统提供气体调节服务功能所需的成本来间接估算各种海洋开发活动造成这一服务功能的价值损失。具体步骤为：一是通过调查，得到生境受损海域单位面积浮游植物每年干物质的产量；二是通过调查得到固定 CO_2、释放 O_2 的成本 C_{CO_2} 与 C_{O_2}；三是利用下列光合作用方程式计算单位重量干物质所吸收 CO_2 与释放 O_2 的量。

$$CO_2 \text{（264 g）} + H_2O \text{（108 g）} \xrightarrow{28.32kJ} C_6H_{12}O_6 \text{（180g）}$$
$$+ O_2 \text{（193g）} \rightarrow Amylase \text{（162g）} \qquad (3-10)$$

从该光合作用方程式可以发现，每生产 162 g 的干物质，就可固定 264 g 的 CO_2，并释放 193 g O_2，即生产 1 g 干物质可以吸收 1.63 g CO_2，释放 1.19 g O_2。为此，单位面积生境受损海域每年造成的气候调节功能损害价值的核算模型即为

$$V = (1.63 C_{CO_2} + 1.19 C_{O_2}) \cdot X \cdot S \qquad (3-11)$$

式中，V 为生境受损造成的海域气候调节功能年损害价值（万元/a），C_{CO_2} 与 C_{O_2} 分别为固定 CO_2 和制造 O_2 的成本（元/t），X 为单位面积浮游植物每年干物质的产量（t/m^2），S 为生境受损海域面积（m^2）。

另外，从光合作用方程式还可看出，浮游植物每生产 180 g 碳水化合物，就可固定 264 g 的 CO_2，释放 193 g O_2，即每固定 1 g 碳，就能释放 2.679 g O_2，故生境受损海域每年造成的气候调节功能损害价值也可采用下列模型计算：

$$P_{tj} = (C_{CO_2} + 2.679 C_{O_2}) \sum_{i=1}^{n} X_c \cdot S_i \times 10^{-6} \qquad (3-12)$$

式中，P_{ga} 为生境受损造成的气体调节服务年损害值（万元/a），C_{CO_2} 为固定 CO_2 的成本（元/t），C_{O_2} 为生产 O_2 的成本（元/t），X_C 为第 i 种生态类型单位时间、面积固碳量 [g/ (a·m^2)]，S_i 为海洋工程破坏的第 i 类生态类型的面积（m^2），n 为生态类型数。

三、干扰调节服务功能损害价值货币化评估模型

海岸湿地通过储水、泄洪等可以控制洪水，防止水土流失。珊瑚礁、海草床、红树林等近岸生态系统对来自海洋的飓风等强风暴有较强的削弱或减缓功能，它们能有效缓解风暴对沿岸的侵蚀和破坏，减轻或避免海岸土层的流失。干扰调节功能就是海洋生态系统提供的控制侵蚀与防风抗洪服务，即稳定岸线、防护洪水的功能。海洋工程等开发活动改变围海区及临近海域的自然属性，破坏滨海湿地、红树林、珊瑚礁、海草床等海洋生态系统，其稳定岸线与防护洪水的功能损害价值一方面可用生境受损海域单位面积生态系统提供的减灾收益来代替，具体评估模型如下：

$$W = \omega_h \cdot F_h \cdot S_h \qquad (3-13)$$

式中，W 为生境受损造成的干扰调节服务功能的损害值（万元/a），ω_h 为海洋工程对干扰调节服务的损害程度，F_h 为滨海湿地、红树林、珊瑚礁等生态系统的减灾收益（万元/a），S_h 为海洋工程破坏的滨海湿地、红树林、珊瑚礁等面积。

另一方面，海洋工程占用了近岸空间，破坏了天然海岸线造成的海洋生态系统干扰调节功能的损害价值，故也可通过影子工程法，即以建造同等长度的人工海岸线的工程造价来间接估算，具体模型如下：

$$P_{er} = \frac{C_e \cdot L(1 + 2\% n)}{n} \tag{3-14}$$

式中，P_{er} 为生境受损造成的干扰调节服务损害价值（万元/a），C_e 为人工海岸线的工程造价（万元/km），L 为围海养殖破坏的天然海岸线长度（km），n 为工程使用年限（a）。

四、养分调节服务功能损害价值货币化评估模型

海洋生态系统的养分调节服务一是指通过营养循环，提供海洋生物所需的营养元素；二是作为 N、P 等营养盐的汇的价值，即如果没有海洋生态系统的存在，人类必须重新去除来自地表径流的 N、P 等营养盐的功能。考虑到前一种服务功能价值在海洋生态系统其他服务中已有所体现（如海洋捕捞、生境服务等），为避免重复计算，这里主要测算海洋开发活动对后一种服务功能的损害价值。

方法一：对于养分调节功能损害价值核算，目前常采用替代市场法，即间接通过人工处理受损海域所接纳的含 P、N 等营养盐污水的成本进行替代核算，主要模型为：

$$Y = \omega_y \frac{Q \times C}{S} \tag{3-15}$$

式中，Y 为生境受损造成的养分调节服务的损害值（万元/a），ω_y 为海洋工程对养分调节服务的损害程度，C 为单位体积污水中 N、P 的人工处理成本（元/m^3），Q 为受损海域所接纳的含 N、P 污水量（m^3），S 为生境受损海域面积（m^2）。

方法二：围海养殖、跨海桥梁等海洋开发活动使原海区植物消失，造成营养物质循环服务功能受损，故也可通过围海前后养殖区海水中营养元素含量的差值或初级生产力的损失值与滩涂植被、大型海藻、微藻等植物中营养元素含量及 N、P 在氮肥（碳酸氢铵）、磷肥（P$_2$O$_5$）中的含量（分别为 17.9% 与 43.66%），来间接估算生境受损造成的营养物质循环功能的损害价值，具体核算模型为：

$$P_{nu} = (5.57L_N + 2.29L_P) \cdot F_h \qquad (3-16)$$

式中：P_{nu} 为生境受损造成的营养物质循环功能的损害价值（万元/a）；L_N 为海洋工程前后 N 元素损失量（t/a）；L_P 为海洋工程前后 P 元素损失量（t/a）；F_h 为化肥价格（元/t）。

五、污染处理与控制服务功能损害价值货币化评估模型

接纳和再循环由人类各种开发活动所产生的废弃物是海洋生态系统的重要服务功能之一。人类的各种海洋开发活动对废物处理功能的损害主要表现在减少海域面积导致纳潮量的减少，造成带出海域污染物数量的减少，从而降低了海域的环境容量。为此，可用替代成本法或重置成本法，根据受损海域纳潮减少量、涨、落潮的污染物浓度计算因海洋开发活动造成的污染物携出量减少所导致的损害成本，即用清除这些污染物所需的成本费用来替代污染物携出量减少造成的废物处理（或环境容量）功能的损害价值。

通过下列模型，即假设某海域第 i 种污染物每年的环境容量是 X_i，第 i 种污染物处理成本是 C_i，海水容量为 Q，则单位水容量价值比 ΔV：

$$\Delta V = \sum_{i=1}^{n} \frac{X_i C_i}{Q} \qquad (3-17)$$

海洋工程占用一块面积为 S，水深 h 的海域，每年损害的海域环境容量价值 P_v：

$$P_v = \Delta v \times S \times h \qquad (3-18)$$

这样即可得到单位面积围海养殖年损害的海域环境容量价值 F 评估模型为：

$$F = H \sum_{i=1}^{n} X_i C_i / Q \qquad (3-19)$$

式中，F 为生境受损造成的单位面积海域废物处理功能损害值（万元/a），X_i 为第 i 种污染物每年的环境容量，C_i 第 i 种污染物的处理成本（元/kg），Q 为海水容量，H 为海域水深（m）。

六、繁殖与栖息地服务功能损害价值货币化评估模型

海洋生态系统提供的生态控制、繁殖与栖息地服务与海洋渔业资源是相互联系、相互影响的。生态控制服务通过控制有害物种数量，维持海洋生态平衡，最终价值体现在海洋捕捞数量和质量上；繁殖与栖息地服务是海洋鱼类与贝类生存的条件，其最终价值也体现在海洋捕捞数量和质量上。如果分别计算三种服务的价值再相加的话，会重复计算。考虑到繁殖与栖息地服务的价值可以包括生态控制和海洋捕捞服务的价值，这里主要建立繁殖与栖息地服务的损害价值评估模型。

围海养殖影响海水中叶绿素 a 的浓度水平，而初级生产力的高低主要由海水中叶绿素 a 的水平决定，故初级生产力损害量可通过围海养殖前后叶绿素 a 的浓度差，采用赵文等提出的简化公式来估算，具体评估模型为：

$$P_0 = K \cdot r \cdot Chla \cdot DH \cdot SD \tag{3-20}$$

式中，P_0 为围海养殖初级生产力损害量 $[mg/(m^2 \cdot d)]$（以 C 计），r 为同化系数，采取通用的温带近海水域平均同化系数 3.7，$Chla$ 为表层叶绿素 a 平均含量（mg/m^3），DH 为日出到日落的时间（h），SD 为透明度（m），可由塞氏透明度盘进行现场测定，K 为经验常数，一般晴天为 2.0，阴天为 1.5，采用王骥等的经验常数平均值 1.97。

由于鱼类为游泳生物，具有趋吉避害的特性，因此海洋工程影响的主要为软体（特别是贝类）的繁殖与栖息地。滩涂主要是软体动物（如贝类）的繁殖与栖息地，可根据海域初级生产力与软体动物的转化关系、软体动物与贝类产品质量关系及贝类产品在市场上的销售价格与利润率等来建立海域繁殖地与栖息地功能损害的价值核算模型，具体模型为：

$$P_d = \frac{P_0 \cdot S \cdot E}{\delta} \sigma \cdot P_s \cdot \rho_s \tag{3-21}$$

式中，P_d 为生境受损造成的繁殖地与栖息地功能的损害价值（万元/a），P_0 为单位面积受损海域的初级生产力损害量（以 C 计），E 为转化效率，即初级生产力转化为软体动物的效率（%），δ 为贝类产品混合含碳率（%），σ 为贝类

质量与软体组织重量的比（通过这个系数，可以将软体组织的质量转化为贝类产品的质量），P_s 为贝类产品平均市场价格（元/kg），ρ_s 为贝类产品销售利润率（%），S 为受损海域面积（m²）。

七、基因资源供给服务损害价值货币化评估模型

填海造地、围海养殖等海洋工程活动破坏了海岸物种和其他重要的野生珍稀物种的生存环境，损害了海洋基因资源供给服务。

方法一：基因资源供给服务损害价值核算可采用假设市场法，即通过调查人们对维护海岸带基因资源供给功能的支付意愿来估算，具体模型如下：

$$P_{ge} = \omega_{ge} \cdot WTP \cdot TP \qquad (3-22)$$

式中，P_{ge} 为生境损害造成的海域基因资源供给服务损害价值（万元/a），ω_{ge} 为海洋工程对基因资源供给服务功能的损害程度，WTP 为保护基因资源供给功能的人均支付意愿值［元/（a·人）］，TP 为利益相关者人数（人）。

方法二：也可采用 CVM 或成果参照法，对基因资源供给服务的损害价值进行估算，具体模型为：

$$P_{ge} = \omega_{ge} \cdot V_{ge} \cdot S \qquad (3-23)$$

式中，P_{ge} 为生境损害造成的海域基因资源供给服务损害价值（万元/a），ω_{ge} 为海洋工程对基因资源供给服务功能的损害程度；V_{ge} 为围海区单位面积海域基因资源的价值［元/（a·m²）］，S 为围海养殖面积（m²）。

八、自然水道服务损害价值货币化评估模型

海洋工程通过多种途径影响海岸生态系统自然水道服务。一是通过对海洋水动力过程影响，从而影响到航道、港池淤积；二是直接破坏原先的自然水道。关于自然水道损害的评估模型可以用生产力法来建立。模型为

$$P_{pf} = \frac{(1-t_1)R - (1+\rho)(I+O)}{S(1+\rho+t_s)} \qquad (3-24)$$

式中，R、I、O、S、ρ、t_2 分别为实用海域作为自然水道的收益、投资、营运成本、自然水道面积、平均投资回报率及税率。

九、生物多样性服务损害价值货币化评估模型

海洋生态系统的生境服务除了为海洋生物提供栖息地和繁殖场所外，对维持地球生物或基因多样性也是不可或缺的。海洋工程活动如填海造地、围海养殖破坏了海洋物种和其他重要的野生珍稀物种的生存环境，减少了生物多样性。

生物多样性损害量可采用 Shannon – Wiener 多样性指数公式，通过计算围海养殖前后浮游动、植物、底栖生物及潮间带生物多样性指数的差值来估算，具体模型为：

$$H' = -\sum_{i=1}^{z} (n_i/N)\log_2(n_i/N) \qquad (3-25)$$

式中，H' 为浮游动、植物、底栖生物及潮间带生物多样性指数，S 为浮游动、植物、底栖生物及潮间带生物种数（种）；n_i 为浮游动、植物、底栖生物及潮间带生物第 i 种个体数；N 为浮游动、植物、底栖生物及潮间带生物总个体数。

对于海洋开发活动造成的生物多样性损害价值核算，方法一是可采用假设市场法，即通过调查人们对保护海岸带生物多样性的支付意愿来估算，具体模型如下：

$$P_{sj} = \omega_{sj}WTP \cdot TP \qquad (3-26)$$

式中，P_{sj} 为生境损害造成的海域生物多样性损害价值（万元/a），ω_{sj} 为海洋工程对生物多样性维持功能的损害程度，WTP 为保护生物多样性的人均支付意愿值 [元/（a·人）]，TP 为利益相关者人数（人）。

方法二：也可先评估受损海域的野生珍稀物种价值，然后建立受损海域对这些野生珍稀物种生存的贡献模型来核算生物多样性的损害价值，具体模型如下：

$$P_{sj} = \omega_{sj} \cdot V_s/S_h \qquad (3-27)$$

式中，P_{sj} 为生境损害造成的单位面积受损海域生物多样性损害价值（万元/a），ω_{sj} 为海洋工程对生物多样性维持功能的损害程度，V_s 是受损海域生物多样性

的价值 $[元/ (a \cdot m^2)]$，S_h 对维护生物多样性有贡献的海域面积 (m^2)。

十、休闲娱乐、景观服务损害价值货币化评估模型

海洋生态系统能够提供重要的旅游娱乐服务及景观服务，如沙滩、水质、红树林是重要的休闲旅游资源。

海洋开发活动对滨海生态旅游娱乐服务的损害价值难以通过直接的市场交易信息进行评估，方法一可采用假设市场法，通过调查问卷来获取人们对保护滨海生态旅游的支付意愿值及每年愿意来此生态旅游娱乐的人数，来粗略估算海洋开发活动造成的滨海生态旅游服务功能的损害价值，具体模型为：

$$P_{tr} = \omega_{tr} \cdot P_s \cdot R_s \qquad (3-28)$$

式中，P_{tr} 为生境损害造成的滨海生态旅游服务损害价值（万元/a），ω_{tr} 为海洋工程对滨海生态旅游功能损害程度，P_s 为保护滨海生态旅游功能的人均支付意愿值 $[元/ (a \cdot 人)]$，R_s 为每年愿意来此生态旅游的人数（人）。

方法二：也可采用成果参照法，根据现有研究成果来估算海洋工程造成的滨海生态旅游服务功能的损害价值，具体模型如下：

$$P_{tr} = \omega_{tr} \cdot V_{tr} \cdot S \qquad (3-29)$$

式中，P_{tr} 为生境损害造成的滨海生态旅游服务功能的损害价值（万元/a），ω_{tr} 为海洋工程对滨海生态旅游功能损害程度，V_{tr} 为单位面积海域生态旅游服务价值 $[元/ (a \cdot m^2)]$，S 为围海养殖面积 (m^2)。

十一、科学研究和教育服务损害价值货币化评估模型

海洋为人类科学研究和教育提供丰富的材料和场所。由于海洋资源具有公共物品属性，海洋工程开发活动对教育与科研服务功能的损害价值难以利用直接市场交易信息进行评估。

方法一：可采用假设市场法，即通过调查人们对保护海岸带科研教育服务的支付意愿，估算海洋工程造成的教育与科研服务功能的损害价值，具体模型如下：

$$P_{es} = \omega_{es} \cdot P_{es} \cdot R_{es} \quad\quad (3-30)$$

式中，P_{es} 为生境损害造成的教育与科研服务功能的损害价值（万元/a）；ω_{es} 为海洋工程对教育科研服务功能的损害程度；P_{es} 为保护教育与科研服务功能的人均支付意愿值（元/a·人）；R_{es} 为利益相关者人数（人）。

方法二：也可采用成果参照法根据现有研究成果来估算海洋工程造成的教育与科研服务功能的损害价值，具体模型如下：

$$P_{es} = \omega_{es} \cdot V_{es} \cdot S_{s} \quad\quad (3-31)$$

式中，P_{es} 为生境损害造成的教育与科研服务功能的损害价值（万元/a），ω_{es} 为海洋工程对教育科研服务功能的损害程度，V_{es} 为单位面积海域教育与科研服务价值 $[元/(a \cdot m^2)]$，S 为围海养殖面积（m^2）。

十二、海洋工程造成的生态服务功能损害的总价值核算模型

海洋生态服务功能损害的总价值即为各种海洋开发活动造成的生态服务功能受损所产生的直接、间接及其他生态损害价值的总和，具体核算模型为：

$$W_z = C_{sz} + C_{sj} + C_{sq} \quad\quad (3-32)$$

式中，W_z 为海洋生态服务功能受损的总价值（万元/a），C_{SZ}、C_{Sj}、C_{Sq} 分别为海洋开发活动造成的生态服务功能直接、间接及其他损害价值（万元/a）。

对于围填海等海洋开发活动，因其一次性破坏了海域生态系统，所以在核算生态损害价值时，应适当考虑货币的时间效应问题，故此引入社会贴现率这一重要参数，其取值高低直接影响评估结果。目前学术界关于社会贴现率还存在诸多争议，究竟取值多少尚无定论。一些国际机构建议采用长期国债（真实）利率作为社会贴现率（MPP. EAS，1999）；美国环境保护署（EPA）则建议在分析代际间的成本和收益时，应包括成本和收益的无贴现率状况，并分别用 1.5%、2.3% 和 7%（银行平均长期贷款利率）作为贴现率进行敏感性分析（EPA，2000）；我国一些学者认为取 2% 作为社会贴现率比较合适，这相当于计算了海洋生态系统 50 年的价值。具体计算公式为

$$P_t = = \sum_{i=1}^{n} \frac{P_i}{r} \quad\quad (3-33)$$

式中，P_t 为围填海造成的海洋生态损害现值（万元），P_i 是围填海造成的第 i 种海洋生态系统服务的损害值（万元）；r 是贴现率，（$i = 1, 2, \cdots, n$）代表各种海洋生态系统服务。

对于跨海桥梁、滨海电厂等长期固定存在的海洋工程造成的生态服务功能损害现值可通过以下模型进行估算：

$$W_{xz} = W_z \frac{(1 + r)^n - 1}{(1 + r)^n \cdot r} \qquad (3-34)$$

式中，W_{xz} 为海洋工程生态服务功能损害现值（万元），W_z 为海洋工程生态服务功能损害值（万元），r 为贴现率，n 为海洋工程的使用年限（年）。

第四节　海洋工程生态系统服务损害价值货币化评估程序

一、海洋工程生态补偿货币化核算程序

海洋工程生态补偿货币化核算程序分四步。

第一步，接受委托后，进行现场调访、样品采集和社会经济活动调查，搜集整理海洋生态数据、功能区划、海域使用、社会经济等有关资料，初步筛选出评估的范围和对象。

第二步，编制核算大纲，明确核算工作的主要内容和报告书的主体内容。确定如下。

- 核算海域范围、时间期限。
- 确定海洋工程类型及其用海方式。
- 分析海洋工程所属行业的产业规模、利润水平、国家产业政策等信息。
- 识别工程海域和影响海域的主要功能区、特殊生态类型、珍稀濒危等重要价值的物种、保护区、生物多样性。
- 评估工程直接占用海域和影响海域的生态损失。
- 定量计算工程直接占用海域和邻近海域的各项生态要素损失（物质量损失）。

● 货币化计算工程直接占用海域和邻近海域的各项生态系统服务价值损失（价值量损失，定损）。

● 确定上述核算的指标、计算公式、参数和数据。

● 补偿系数和补偿年限的确定。

第三步，依据大纲，开展各项工作，核算海洋工程生态补偿费。

第四步，编制海洋工程生态补偿核算报告，进行评审。

二、评估价值修正与评估数据来源

（一）单位价格和单位成本修正

核算某海域某年的海洋生态系统服务价时，如果部分生态要素不能获得同年的单位价格或单位成本，可采用相邻年份的单位价格或单位成本进行代替。但应根据消费价格指数或生产价格指数进行修正，按照公式（3-35）或 公式（3-36）进行计算。此时，公式中的"需修正年份"即为评估年份。

如果相邻年份的单位价格（单位成本）无法获得，则应查询与评估年份相距最近的已知单位价格（单位成本）的年份，然后将已知单位价格（单位成本）从该年份向评估年份进行逐年递推修正，每次修正应控制在相临两年之间，并按照公式（3-35）或公式（3-36）进行计算。此时，公式中的"需修正年份"代表每次递推修正过程中需要计算价格或成本的年份。

对于海洋生物资源、养殖生产和捕捞生产的单位价格，应采用消费价格指数进行修正。相邻年份的单位价格修正的计算公式如下：

$$PP_1 = PP_2 \times \frac{CPI_1}{CPI_2} \tag{3-35}$$

式中：PP_1 为需修正年份的单位价格；PP_2 为相邻年份的单位价格；CPI_1 为需修正年份消费价格指数；CPI_2 为相邻年份的消费价格指数。其中，CPI_1 和 CPI_2 来自公式涉及的相邻两年中后一年份的统计年鉴（注：统计年鉴通常将前一年份的消费价格指数设为 100，以此为基准计算出后一年度的消费价格指数）。

对于氧气生产、气候调节和废弃物处理的单位价格或单位成本，应采用生产价格指数进行修正。计算公式如下：

$$PC_1 = PC_2 \times \frac{PPI_1}{PPI_2} \tag{3-36}$$

式中：PC_1 为需修正年份的单位价格或单位成本；PC_2 为相邻年份的单位价格或单位成本；PPI_1 为需修正年份生产价格指数；PPI_2 为相邻年份的生产价格指数。其中，PPI_1 和 PPI_2 来自公式涉及的相邻两年中后一年份的统计年鉴。（注：统计年鉴中通常将前一年度的生产价格指数设为 100，以此为基准计算出后一年份的生产价格指数）。

（二）评估价值修正

评估多个年份的海洋生态系统服务价值并进行比较时，应确定其中某一年为基准年，将其他年份的价值按照基准年的价格水平修正。基准年宜选用最末一年或最初一年。

将某年的海洋生态系统服务价值修正为基准年的价格水平时，应利用消费价格指数和生产价格指数，将该年的价值向基准年进行逐年递推修正。计算公式如下：

$$V_1 = V_{2C} \times \frac{CPI_1}{CPI_2} + V_{2P} \times \frac{PPI_1}{PPI_2} \tag{3-37}$$

式中：V_1 为修正到相邻年份的价值；V_{2C} 为需修正年份的价值中用于消费的部分；CPI_1 为相邻年份的消费价格指数；CPI_2 为需修正年份的消费价格指数；V_{2F} 为需修正年份的价值中用于生产的部分；PPI_1 为相邻年份的生产价格指数；PPI_2 为需修正年份的生产价格指数 [注：统计年鉴中通常将前一年度的消费价格指数（或生产价格指数）设为 100，以此为基准计算出后一年度的消费价格指数（或生产价格指数）]。

（三）评估数据来源

海洋生物资源存量评估所需的海洋生物资源现存量数据应采用近 5 年的相关渔业资源调查报告，也可通过渔业资源调查与评估获得。海洋生物的平均市场价格应采用评估海域临近的海产品批发市场的同类海产品批发价格进行计算获得。

（1）养殖生产数据。养殖产量根据评估海域毗邻行政区（省、市、县）"渔业统计年鉴（报表）"确定，也可通过现场调访获得。养殖水产品平均市场价格应采用评估海域临近的海产品批发市场的同类海产品批发价格进行计算获得。

（2）捕捞生产数据。捕捞量宜根据评估海域毗邻行政区（省、市、县）"渔业统计年鉴（报表）"确定，也可通过现场调访获得。"渔业统计年鉴（报表）"所统计的水产品捕捞量不一定全部来自评估海域，应剥离剔除。捕捞水产品的平均市场价格应采用评估海域临近海产品批发市场的同类海产品批发价格进行计算获得。

（3）氧气生产数据。浮游植物的氧气产量应根据初级生产力实测值，运用光合作用方程计算获得。大型藻类的氧气产量应根据大型藻类干重实测值，基于光合作用方程计算获得。浮游植物的初级生产力应采用实测数据或推算数据，应取自相关海洋调查报告。大型藻类的干重应采用其资源量调查数据，应取自相关资源调查报告。氧气价格宜采用钢铁业液化空气法制造氧气的平均成本，主要包括设备折旧费用、动力费用、人工费用等。也可根据评估海域实际情况进行调整。

（4）气候调节数据。浮游植物吸收二氧化碳的量应根据初级生产力实测值，基于光合作用方程计算获得。大型藻类吸收二氧化碳的量应根据大型藻类干重实测值，基于光合作用方程计算获得。浮游植物的初级生产力应采用实测数据或推算数据，应取自相关海洋调查报告。大型藻类的干重应采用其资源量调查数据，应取自相关资源调查报告。二氧化碳的单位价格应采用我国环境交易所或类似机构二氧化碳排放权的平均交易价格。

（5）废弃物处理数据。评估海域废弃物处理量应采用相关研究报告（论文）确定的环境容量值，或实际接纳的废弃物数量。排海废弃物数量数据应来自相关环境统计年鉴（报告）。废弃物处理单位成本应根据相关环境统计年鉴

（报告）提供的污染治理设施的运行费用和废弃物处理量计算得到。

（6）休闲娱乐评估数据。休闲娱乐评估需要数据应包括：海洋旅游景区的位置、面积、海岸线长度、景观类型、年游客数、年旅游收入等资料，游客的性别、年龄、受教育程度、年收入及其所支付的交通、食宿、门票、纪念品费用和旅行时间等有关资料。这些数据应通过收集统计资料、实地调访和问卷调查等方式获得，其中，年游客数可由省、市、县"统计年鉴"或"国民经济发展统计公报"中直接获取，也可通过现场调访获得。

（7）科研服务评估数据。科研论文数量宜通过科技文献检索引擎，如"维普《中文科技期刊数据库》（全文版）"，"CNKI 中国知网"，"万方数据知识服务平台"，对主题和关键词进行检索再逐一筛选后获得。主题及关键词的选择一般应包括：海域名称、主要海洋生态系统名称以及沿海省（市、县）名称与关键词"海""湾""河口""岛"等的组合。科技论文的单位成本应根据国家海洋局发布的海洋科技统计公报提供的海洋科技经费与海洋类科技论文总数计算获得。

（8）物种多样性维持和生态系统多样性维持评估数据。物种多样性维持和生态系统多样性维持评估需要数据应包括：海洋保护物种的名称及其分布区，海洋保护区的名称、空间范围、面积、主要保护对象等资料，被访居民的性别、年龄、受教育程度、年收入、家庭人口数、认捐数额，以及调访地区人口总数、平均家庭人口数、人均年收入等资料。具体数据应通过收集统计资料、实地调访和问卷调查等方式获得。

第五节　海洋工程生态系统服务损害价值评估软件

一、海洋工程生态系统服务损害价值评估软件概况

海洋工程生态系统服务损害价值评估软件实现了不同规模，不同类型海洋工程生态系统服务损害价值货币化评估计算，海洋工程类型包括：填海造地工

程、非透水构筑物工程、透水构筑物工程工程、跨海桥梁工程、海底隧道工程、港池（蓄水池）工程、围海养殖工程、油气开采人工岛（开采平台）工程、海底电缆管道工程、固体矿产资源开采工程、取排水口工程、污水达标排放工程等。计算模型包括：海洋捕捞食品供给服务损害价值核算模型、原材料/医药供给服务损害价值核算模型、气候/气体调节服务损害价值核算模型、污染物净化服务（环境容量）损害价值核算模型、灾害调节服务损害价值核算模型、滨海生态旅游服务损害价值核算模型、生物多样性维持服务价值损失估算模型。软件根据海洋工程规模、类型自动生成评价模型序列，通过输入模型参数计算出海洋工程各类生态系统服务价值损失评估结果。海洋工程生态系统损害价值评估软件界面如图 3 - 2 所示。

图 3 - 2　海洋工程生态系统服务损害价值评估软件界面

二、海洋工程生态系统服务损害价值评估软件操作

海洋工程生态系统服务损害价值评估软件操作技术流程包括选择海洋工程类型，确定海洋工程规模，输入海洋工程参数，输入评估模型参数，逐项生态系统服务价值损失评估计算，海洋工程生态系统服务价值损失总和计算（图 3 - 3）。

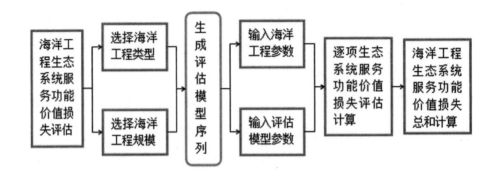

图 3 - 3　海洋工程生态系统服务损害价值评估软件基本流程图

（一）海洋工程规模选择

海洋工程规模根据海洋工程项目用海面积确定。如果海洋工程规模小于以下面积，则为小规模海洋工程，如果海洋工程规模大于以下面积，则为大规模海洋工程。（a）填海造地用海：10 hm²；（b）围海用海（包括港池、泊位、盐业、围海养殖等）：50 hm²；（c）开放式用海（包括海底隧道、跨海大桥、海底电缆管道、固体矿产开采、取排水、增养殖等）：100 hm²。软件运行后，通过右侧面板按钮选择海洋工程类型及海洋工程规模。小规模海洋工程生态损害范围为海洋工程直接占用的海域空间面积。大规模海洋工程生态损害范围为大规模海洋工程直接占用的海域和海洋工程间接损害的海域面积之和。海洋工程间接损害海域范围指因海洋工程活动导致海域环境状况发生改变的区域。

（二）参数输入

海洋工程参数包括工程直接占用海域面积、工程间接损害海域面积及损害程度。大规模海洋工程在评估时以上 3 个参数都需要输入。小规模海洋工程评估时只需要输入工程直接占用海域面积及损害程度。在程序首界面，点击按钮选择海洋工程类型后进入参数输入界面，在窗口上方输入海洋工程参数。例如海洋捕捞食品供给服务损害价值核算模型计算需要输入的参数有：评估海域海洋捕捞近三年的平均收入（万元/a）、海洋捕捞近三年的平均利润率（％）、损害程度系数。直接以数值形式输入，输入界面如图 3－4 所示。

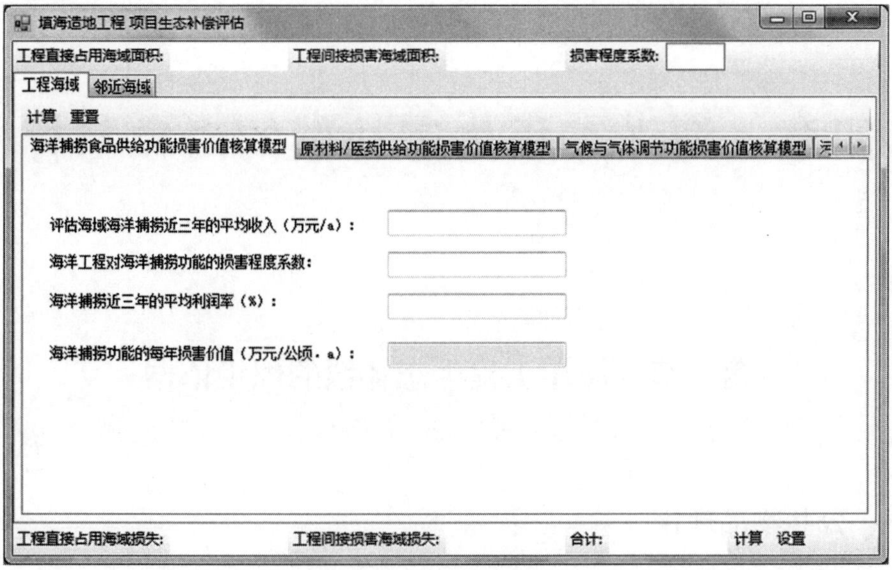

图 3－4　参数输入界面

第四章 海洋工程生态补偿的对象与标准

第一节 海洋工程生态补偿的理论依据

一、公共物品理论

公共物品理论是经济学理论的研究热点，也是导致市场失灵的根源之一。海洋生态产品都是公共产品，在"看不见的手"——私有产权自由市场上无法得到有效率的交易和提供，必须依靠"看得见的手"——公共产权市场的介入，才能满足社会需求和提高社会总福利。

（一）公共物品的含义

公共物品（Public Goods）是公共经济学中一个重要范畴。对公共物品做出严格经济学定义的是美国著名经济学家保罗·萨缪尔森。他认为，纯粹的公共物品是特指一种产品，每个人消费这种产品不会导致别人对该产品消费的减少。纯粹的公共物品具有两个本质特征：非排他性和消费上的非竞争性。非排他性是指在技术上不易于排斥众多的受益者或者排他不经济，即不可能阻止不付费者对公共物品的消费。消费上的非竞争性是指一个人对公共物品的消费不会影响其他人从对该公共物品的消费中获得效用。公共物品的两个特性意味着公共物品在消费上是不可分割的，它的需要或消费是公共的或集体的，如果由市场提供，不是每个消费者都会自愿掏钱购买，而是等着他人购买而自己顺便享用它所带来的利益，这就是"搭便车"的现象。如果所有社会成员都持这种想法，就会导致公共物品供给不足，那么最终结果是没人能够享受到公共物品。

但是，公共物品并不等同于公共所有的资源。在现实世界中，存在大量的介于公共物品和私人物品之间的一种物品，称为准公共物品。它们可以分为两类：一类是消费上具有非竞争性，但是可以较容易地做到排他性，如公共桥梁、公共游泳池和公共电影院等，称为俱乐部产品；另一类与俱乐部产品相反，即在消费上具有竞争性，但是却无法有效地排他，如公共渔场、牧场等，这类物品通常被称为共同资源。俱乐部产品容易产生"拥挤"问题，而共同资源容易产生"公用地悲剧"问题。"公用地悲剧"问题表明，如果一种资源不具有排他性，那么就会导致这种资源的过度使用，最终导致全体成员的利益受损。

（二）公共物品属性是生态补偿的理论基础

公共物品属性决定了自然资源环境及其所提供的生态系统服务面临供给不足、拥挤和过度使用等问题。生态补偿就是通过相关的制度安排，确定不同类型公共物品的补偿主体是谁，其责任、权利和义务是什么，以调整相关生产关系来激励生态系统服务的供给、限制公共物品的过度使用和解决拥挤问题，从而确定相应的政策途径。在具体实践中，一个关键问题是不同类型公共物品的哪部分利益或损失需要得到补偿，这是生态补偿政策边界所要解决的问题，也就是所谓的政策作用的范围，这对于实际的政策框架设计至关重要。否则，可能会引发生态补偿政策的偏差，甚至导致整个环境保护领域政策的混乱。

（1）纯粹公共物品类型的生态补偿政策边界。海洋资源是重要的公共生态物品，其生态补偿政策所要解决的问题可以分为两个层次：第一层次，从平等的发展权角度出发。沿海地区政府和居民，因为国家对其自然资源或生态要素利用的法律约束更为严格，使他们部分地或完全地丧失了其与生态系统服务功能其他享受者或受益者平等发展的权利，从而出现由于生态利益的不平衡而产生的经济利益的不平衡，形成事实上的社会不公平。因此，海洋生态补偿政策应该对这种发展权利的丧失进行补偿。这一层次的生态补偿应该是激励沿海政府和居民，使其能够履行其法律责任和义务，满足对海洋生态系统服务需求的最低要求，这也是生态补偿的最低标准。在这个领域，适宜于用补贴这种激励的方式来促进生态系统服务功能的维护与改善。

第二层次，从人人有责的平等的角度出发。理论上，海洋生态系统服务的保护者和受益者具有平等保护生态的责任和义务，但在事实上，由于在环境资源权利的初始界定中，对海洋生态保护的要求更为严格。因此，海洋生态系统服务的保护者可能要比其他人付出一些额外的生态保护或建设成本才能达到这个更高的标准和要求。海洋生态系统服务功能的受益者也应对这些由于保护责任不同而导致额外的生态保护或建设成本给予补偿。就此类问题的补偿主体而言，由于海洋所提供的生态系统服务功能是由全体人民共同享受的，而中央政府是受益者的集体代表，因此，中央政府应是海洋生态补偿问题类型中提供补偿的主体；而接受补偿的主体应是提供生态系统服务功能的地方政府、企业法人和社区居民等，因为在提供生态系统服务功能的过程中，除了相关法人和自然人承担其机会成本损失和额外的投入成本外，地方政府也由于限制发展等而承担一定的机会成本损失。

（2）共同资源类型的生态补偿政策边界。属于共同资源的海洋生态补偿类型主要发生在相邻海域之间。一是生态补偿问题。如果按照权利的初始界定或法律要求，沿海地区有义务履行法律责任促使本海域的水质达到国家要求。对于保护其海域生态环境可能丧失的发展权，提供补偿的主体是沿海地方政府，因为地方政府是受益人群的集体代表；接受补偿的主体是沿海地区提供生态系统服务功能的居民和其他法人等。对于这类生态补偿，公共购买政策和市场交易同等重要，但政策途径的选择取决于具体实施条件的完备程度和利益主体的意愿。无论选择哪种政策，上级政府的协调作用都是至关重要的，特别是为利益主体沿着科斯路径达成补偿协议而搭建工作平台的作用。二是污染赔偿问题。当沿海地区没有履行其责任或义务对本海域造成污染时，应对这种污染负责，赔偿对其造成的损失。在这类污染赔偿中，提供赔偿的主体应是产生污染的地方政府或污染企业，接受赔偿的主体应是因污染遭受损失的地方政府、其他法人和沿海居民等。这是沿海地区污染赔偿政策所要解决的主要问题。

海洋资源所有权虽属国家，但它所提供的产品和服务多数是全民共有。而它的公共物品属性决定了其面临供给不足、拥挤和过度使用等问题，生态补偿就是通过相关制度安排，调整相关生产关系来激励海洋生态系统服务的供给、限制共同资源的过度使用和解决拥挤问题，从而促进海洋生态环境的保护。公共物品理论可以解决生态补偿过程中补偿的主体是谁，其权利、责任和义务是什么，从而确定相应的政策途径。

二、外部性理论

外部性理论是生态经济学和环境经济学的基础理论之一，也是生态环境经济政策的重要理论根据。环境资源的生产消费过程中产生的外部性主要反映在两个方面，一是资源开发造成生态系统服务受损所形成的外部成本，二是因保护生态系统服务所产生的外部效益。由于这些成本或效益没有在生产或经营活动中得到很好的体现，从而导致了破坏生态环境没有得到应有的惩罚，保护生态环境产生的效益被他人无偿使用，使得生态环境保护领域难以达到帕累托最优。

（一）外部性理论的定义

经济学家对外部性的定义有两类。一类是从外部性的产生主体角度来定义，如萨缪尔森和诺德豪斯的定义："外部性是指那些生产或消费对其他团体强征了不可补偿的成本或给予了无需补偿收益的情形"。另一类是从外部性的接受主体来定义，如道格拉斯·诺斯认为："个人收益或成本与社会收益或成本之间的差异，意味着有第三方或者更多方在没有他们许可的情况下获得或者承受一些收益或者成本，这就是外部性"。这两种不同的定义在本质上其实是一致的，即外部性是某个经济主体在生产或消费中对另一个经济主体产生的一种外部影响，而这种外部影响又不能通过市场价格进行买卖，因而施加这种影响的经济主体没有为此而付出代价或得到收益。

（二）外部性理论是制定海洋生态补偿政策手段的依据

无论是纯粹的公共物品，还是俱乐部产品和共同资源，它们的共同问题是在其供给和消费过程中产生的外部性，这是生态补偿所要解决的核心问题。根据萨缪尔森的解释，外部性是指对他人产生有利的或不利的影响，但不需要他人对此支付报酬或进行补偿的活动。当私人成本或收益不等于社会成本或收益时，就会产生外部性。外部性分为外部经济性和外部不经济性。外部经济性是指某一经济主体的经济活动使另一经济主体获益，但未受到相应的补偿，如某人种植了一片薰衣草地，经过的路人得到了美的享受，但他却未从中收取门票。外部不经济性正好与之相反，指某一经济主体的经济活动使另一经济主体的利益受损，但未支付相应的费用，如污水厂排放的污水影响了下游娱乐场的生意。当社会边际成本与私人边际收益相等，才能实现资源配置的帕累托最优。然而在现实中，由于外部性的存在往往很难实现帕累托最优。

因此，需要将外部性内部化，而对于内部化问题，经济学界有两种截然不同的路径选择，即"庇古税"路径和科斯的"产权"路径。"庇古税"是通过收税、补贴等经济手段使外部性内部化。但是按照这一理论，生态补偿问题应当完全由政府通过征收"环境税"来解决，否定了市场机制应发挥的作用。与"庇古税"相比，科斯的产权理论强调如果交易成本为零，无论产权如何界定，都可以通过市场交易和自愿协商达到资源的最优配置。如果交易成本不为零，资源的最有效配置就需要通过一定的制度安排与选择来实现。科斯定理说明，政府干预不是治理市场失灵的唯一办法，在一定条件下，解决外部性问题可以用市场交易或自愿协商的方式来代替"庇古税"手段，政府的责任是界定和保护产权。

庇古理论和科斯理论对于生态补偿具有很强的政策涵义。在实际选择生态补偿政策路径时，不同的政策途径具有不同的适用条件和范围，要根据生态补偿问题所涉及的公共物品的具体属性以及产权的明晰程度来进行细分。

（1）政府调节的边际交易费用低于自愿协商的边际交易费用，则采用"庇古税"途径，通过向生态功能的受益者和破坏者征收环境税来解决补偿问题。对于纯公共物品而言，由于生态系统服务具有无形性、流动性、受益范围广泛性等特点，其产权界定和产权保护成本很高，而且受益者往往会隐瞒自己的真实需求，所以，经营主体与众多的受益者进行直接的磋商达成交易的可能性极小，此时科斯定理失效，政府干预是必要的，如国外一些国家征收的环境税、碳税，我国目前的排污收费、退耕还林和资源税等。

但应用"庇古税"方案的前提条件是生态系统服务的作用范围及受益程度难以准确界定，即使受益范围能够明确界定，也由于不同的受益者所处社会经济条件不同而对同样的生态系统服务形成不同的效用评价，因此，难以准确计量生态环境外部效用的大小。

（2）政府调节的边际交易费用高于自愿协商的边际交易费用，则采用科斯途径，通过生态系统服务受益者和破坏者自愿协商和市场交易来解决补偿问题。科斯定理在生态补偿实践中得到大量应用，一些国家通过明晰自然资源的产权，如森林资源、渔业资源的私有化，有利于这些资源的可持续利用，取得良好效果。而且，许多国家对科斯定理作了变通创新，创立了排污权交易制度，对于遏制环境污染效果显著。

但科斯定理的成立也是有一定假设条件的：①产权必须是明确的，而不管初始产权如何配置；②谈判的费用（交易成本）要较低或为零；③外部性影响涉及的范围较小。而在生态补偿实践中，完全满足这些条件是比较困难的：首先，现实中的产权定义在理论上是明晰的，而在实践中却常常是不明确的。第二，受自利行为的影响，为争取自己利润份额的最大化或增加谈判的筹码，谈判某一方往往设置一些障碍，增加了交易成本。第三，生态系统服务的生产供给往往涉及众多当事方，有些甚至是跨国的。所以，科斯定理在生态系统服务提供的实践活动中并非完全奏效。换句话说，当交易谈判涉及的当事人较少，市场交易费用小于政府干预成本时，外部性可以通过明确界定、保护产权以及市场的自愿交易来解决，这时市场机制比政府干预效率更高。

（3）政府调节的边际交易费用等于自愿协商的边际交易费用，则两种途径具有等价性。

在海洋资源开发和利用的过程中之所以会出现外部不经济性现象，主要因为大部分海洋资源（包括沿海水域、珊瑚礁、红树林、滩涂湿地、迁徙的鸟类、洄游鱼类等）属于公共物品，这些资源不为任何特定的个人所有，却能被任何人享用，它们的消费具有非竞争性和非排他性，即某一用户对这些海洋资源的利用不能阻止其他任何用户免费使用该种资源。如单个养殖户为了追求自身利益，而在海岸带地区开辟大量的人工鱼塘或虾塘，这样就会造成浅海水域、红树林和其他生物资源被占用、引起其他海洋物种再生能力下降、生物多样性减少。这就会给海洋经济乃至国民经济带来不利的影响。

现阶段我国市场化程度不高，且公共物品的产权难以清晰界定或者界定成本较高，所以科斯定理也存一定的局限性。"庇古税"和科斯交易成本理论对于海洋生态补偿具有很强的政策含义。在实际的海洋生态补偿政策路径选择中，不同的政策途径具有不同的适用条件和范围，要根据海洋生态补偿问题所涉及公共物品的具体属性以及产权的明细程度来进行细分。

第二节　海洋工程生态补偿的原则与对象

一、海洋工程生态补偿的基本原则

海洋生态补偿的基本原则必须体现生态补偿的本质，反映国家有关生态补偿、环境保护基本政策的基础性和根本性的准则。公平性原则、效率性原则、可持续性原则、可行性原则和责、权、利相统一原则是生态补偿中应当和必须遵守的基本原则。

（一）公平性原则

公平性原则是以等利（害）交换关系为核心内容的，体现在生态补偿制度中就要求受益者或地区做出补偿，付出者或地区接受补偿。海洋生态资源是人类共有的财富，任何人都享有平等利用的机会与权利。因此，对海洋生态资源的开发和利用不能损害他人的利益，如果损害了他人的利益，就应对受损者给予相应补偿。因此，海洋生态资源的开发利用者要承担相应的生态环境成本，海洋生态保护和建设的受益者要补偿海洋生态保护与建设者所付出的代价。只有坚持"谁开发、谁保护，谁破坏、谁恢复，谁受益、谁补偿，谁污染、谁付费"的宗旨，才能从根本上促进对海洋生态资源的保护与建设。

（二）效率性原则

海洋生态环境本身具备生态性、经济性、社会性等特点，因此，海洋生态补偿应兼顾生态效益、经济效益和社会效益。海洋生态系统是可持续发展的物质基础，生态效益的高低也直接影响着社会效益和经济效益的高低。生态效益要求补偿行为科学高效并符合生态系统反馈机制。经济效益要求将资源配置最大化，形成社会经济发展与生态环境的良性循环。社会效益是让全社会认识到环境的价值，携手保护海洋生态环境。

（三）责、权、利相统一原则

由于海洋生态补偿涉及多方利益调整，因此，要通过补偿来协调各利益方以最终实现海洋生态保护的目标，就必须要合理分析和界定各利益方的权利与义务关系，在此基础上确定参与海洋生态补偿的各方面主体，利用制度安排使应该付出代价者支付应支付的成本和费用、应该受到补偿者得到相应补偿，确保各利益相关者的责、权、利真正实现统一。

（四）可行性原则

在建立海洋生态补偿机制的过程中，在客观评估海洋生态资源与环境现状的基础之上，还要根据国家和地方的财政实力、沿海各级政府的管理能力以及市场经济发展程度等条件，建立具有可行性的海洋生态补偿机制。要分清轻重缓急，循序渐进，先易后难。对于海洋生态补偿的重点领域和对象，一定要尽力保障人力、物力、财力的投入，而对于超越了现实能力的情况则要量力而行。总之，要在统筹考虑海洋生态价值、投资机会成本的基础上，使有限的海洋生态补偿投入能够在海洋生态保护与建设中发挥最大效益。

二、海洋工程生态补偿的对象

（一）海洋工程生态补偿的利益相关者

海洋生态补偿是对生态利益、经济利益和社会利益的重新分配机制。这里所讲的生态利益是人类中心主义的生态利益，仅指生态环境所提供的无形的、保障人类正常生产、生活的生态系统服务功能价值，它是人类的生存、发展所必需的条件。在海洋的开发利用过程中，为维护人们正常享有的生态利益、经济利益和社会利益不受损害，就应以海洋生态补偿来调节。

海洋资源价值是海洋生态系统服务功能的体现，根据海洋生态系统服务功能的变化界定补偿主体和对象，所以海洋生态补偿的主体和对象都是利益相关者。所谓利益相关者就是指受一件事的原因或者结果影响的人、集团或者组织。利益相关者分析是指通过确定基本特征、内在联系等方面来推定关键参与者或利益相关者的工具或方法。在海洋生态补偿中进行利益相关者分析就是通过分析受特定海洋活动原因或结果影响的经济方之间的经济联系来确定参与活动的利益相关者。

海洋生态补偿中的利益相关者要比陆域资源的生态补偿复杂得多，这是海洋的自然属性和海洋生态资源的经济特性所决定的。考虑到海洋所具有的水体流动性、空间的立体性和整体性的自然属性以及海洋生态资源的资产特性，全面分析特定海洋开发活动或保护活动的影响范围，准确把握海洋生态资源价值的变化。改变海洋生态资源价值的主体都是利益相关者。在进行分析时，既要充分考虑直接利益相关者，也要考虑间接利益相关者。此外，由于国家是海洋生态资源的所有者，并且政府是国家海洋生态资源所有权的代理人和海洋生态资源的管理者，因而在补偿中，国家和相关政府部门是非常重要的直接利益相关者。

（二）海洋生态补偿主体和对象

海洋生态补偿的主体和对象都是利益相关者，海洋生态补偿的主体是指因海洋生态系统服务功能的变化受益的一方或损害海洋生态系统服务功能的一方，海洋生态补偿的对象则应是为提高海洋生态系统服务功能做出贡献者或海洋生态系统服务损害的受害者。在海洋资源开发过程中，海洋生态补偿的主体具体包括使用海洋生态系统服务的使用者、海洋生态系统服务功能的破坏者以及海洋生态保护活动的受益者。海洋生态补偿对象则包括海洋生态资源的所有者、保护海洋生态资源建设者、因海洋生态资源的使用或海洋生态保护而受损害的利益主体。

（三）海洋生态补偿的客体

海洋生态补偿的客体是主体和对象共同指向对象，即生态补偿标的，确定生态补偿的客体是进行生态补偿的基础。海洋生态环境及自然资源提供的生态系统服务都是公共产品，各种的海域利用方式，会造成海洋生态损害或增益，导致提供的海洋生态系统服务受损或受益。海洋生态补偿的客体是自然资源以及生态系统。

第三节　海洋工程生态补偿标准

一、海洋工程生态补偿标准确定思路

海洋工程生态系统服务损害价值货币化评估是确定海洋生态补偿标准的科学依据，生态补偿标准的确定是构建海洋生态补偿机制的核心问题之一。生态补偿标准核算既是解决生态补偿"补多少"这个生态补偿研究的核心与难点问题，也是决定生态补偿实施可行性和有效性的关键。目前，综观国内外学者有关生态补偿标准核算的学术观点可概括为以下三种。

一是基于生态系统服务价值的核算。根据"庇古税"理论，补偿金额应为私人成本与社会成本的差额，即边际外部成本。从环境经济学角度看，只有当边际外部成本等于边际外部收益时才能实现环境效益的最大化，因此，理论上最佳补偿额应以提供的生态系统服务价值为补偿标准，但由于生态系统服务价值评估理论与方法还有待于进一步完善，其核算值难以令人信服，为此，有的学者引入生态系统服务价值与实际补偿值之间的转换系数来核算；还有学者提出先确定补偿的总价值量，然后根据不同生态系统服务价值比例确定补偿标准。总之，目前普遍认为生态系统服务价值的评估值可作为生态补偿标准的理论上限。二是基于成本的核算。与上述观点不同，有些学者认为生态补偿标准的核算确定，应以成本为基础，以维持生态系统健康、可持续提供生态系统服务功能为宗旨，分析保护建设生态环境的各项投入成本、放弃的部分或全部发展机会成本以及修复、重置受损的生态系统成本等。目前国际上普遍接受的生态补偿水平实际上是以机会成本的补偿为主。三是综合了上述两种观点，即认为生态补偿额不仅取决于生态系统服务价值大小，而且还取决于生产者花费的机会成本和需求者的边际效用等，合理的补偿标准应介于上述两种方法确定的标准之间，也就是根据受益者经济的可承受能力，采取综合的评估方法，提出最终的生态补偿标准。

可以看出，当前国内外生态补偿标准常用的确定方法主要有两种：一是基于生态系统服务价值损害的评估方法，二是基于生态修复成本的核算方法。其中有关生态系统服务价值损害的评估方法，国际上探索研究与实践应用得较早，国内在这方面开创性研究较少，大多是分析、借鉴国外的研究成果；而生态修复成本核算方法国际上在资源损害赔偿，尤其是溢油污损生态赔偿方面应用得较多，国内在这方面探索、尝试得较少。参考、借鉴与分析上述学术观点与国内外研究成果及实践经验，综合考虑我国海洋生态补偿的现状，本研究认为海洋工程生态补偿标准应有一个补偿标准区间：[最低标准，最高标准]。海洋工程生态补偿的最低标准为海洋开发的机会成本或恢复治理成本，最高标准为海洋生态系统服务损害价值。最低补偿标准是对海洋生态保护与建设直接付出及潜在成本的基本保障性补偿，而最高补偿标准是对海洋生态损害的补偿性赔偿及对生态保护与建设做出贡献者应获得一定收益的奖励性补偿。

海洋生态补偿的合理补偿标准应是历史、动态和相对的。海洋生态补偿标准的确定，应综合考虑不同时期、不同区域的生态需求、支付意愿、支付能力等各种因素，确定补偿主体与对象都能接受，又能增进整体社会福利的补偿标准。生态补偿标准是实现生态补偿的依据，制定补偿标准需要得到补偿主体与对象认可，以达到外部成本内部化，调整利益相关者的环境、经济和社会利益。

二、海洋工程生态补偿的最低标准

从理论上讲，将生态保护、建设直接投入的人力、物力和财力等直接成本与机会成本作为最低生态补偿标准，不仅是生态保护与建设者获得一定动力，激励其继续参与保护、建设生态的基本保证，同时也能更好地促进资源的科学合理、高效地使用，且可避开现今生态系统服务功能价值核算中存在的诸多技术难题。目前国际上普遍接受的生态补偿水平多以机会成本补偿为主，我国水源地保护、森林及自然保护区生态补偿标准的确定对此应用较多，但在海洋生态补偿标准的确定研究中较为少见。

（一）机会成本的基本内涵

作为环境与资源经济学中一个重要概念的机会成本其实无所不在，但真正从理论上被提出来，学术界普遍认为是由奥地利学派弗·冯·维塞尔在1889年出版的《自然价值》一书中首创的。自这一概念被引入经济学后，其内涵与外延在实践应用中得以不断拓展。新制度经济学鼻祖、交易成本理论及科斯定理的提出者——英国经济学家罗纳德·科斯认为："任何一种行为成本都包括行为主体如不接受特定决策而可能获得的收益"。美国经济学家罗杰·A·阿诺德则进一步指出："每当我们做出一个选择，所放弃的最有价值的那个机会或选择则被称为机会成本"。即机会成本是因实施某项选择或决策而不得不放弃的、除此以外的最佳选择或决策的价值。1993年美国经济学家约瑟夫·斯蒂格利茨在所著的《经济学》一书中，又将这一概念由行为选择领域引入到资源配置领域，明确提出："资源被用于某一种用途意味着它不能被用于其他的用途。因此，当考虑使用某一资源时，应当考虑它的第二种最佳用途。而这一用途即是其机会成本的正式度量"。我国著名经济学家、会计学家余绪缨教授认为机会成本是放弃方案可能带来的最高贡献毛益，使用一种资源的机会成本，即把该资源投入某一特定用途后所放弃的在其他用途中可能获得的最大利益。由此可见，机会成本并非实际发生的货币性费用支出，而是潜在的收益减少，属于隐形成本。机会成本打破了人们以往对"成本"的固有观念，对西方经济学理论做出了重大贡献，它是影响决策分析结果科学与否必须关注的关键"成本"因素与重要的衡量依据。

综观国内外机会成本相关理论的阐述可以看出，在资源合理配置领域考虑机会成本完全是基于资源的稀缺性与多用性。资源本身的稀缺、有限性是机会成本产生的基础，因为使用闲置资源的机会成本为零；同时稀缺、有限的资源只有具有多用性，才可供人们选择使用，若资源使用方式是单一的，也就无从谈起不同利用方案的收益比较选择，从而也不必考虑机会成本问题。相对于人们需求的无限性，大多数资源都是有限的，都存在着多种用途，而有些用途是不兼容的，选择了某种使用机会就意味着放弃另一种使用机会，正所谓"鱼"与"熊掌"不可兼得。海洋资源本身就是一种稀缺资源，其总量是有限的，具有多种适宜用途且某些开发利用方式是可以兼容的。对于海洋资源选择某种用途的机会成本，本研究认为主要是指在一定时空条件下，把稀缺有限的、多用途的海洋资源用于某种用途时所放弃的用于其他适宜用途时所能获得的最大纯收益或所付出的最大代价。

（二）机会成本的基本特性

作为海洋资源合理使用与有效配置等决策分析重要依据之一的机会成本，具有机会收益的最高性、测算结果的非精确性等特性。

（1）机会收益的最高性。基于海洋资源机会成本的基本内涵，其选择某种用途的机会成本一般是被放弃的、互相排斥机会中潜在的最高收益值，而不是被放弃的、互相排斥机会收益的总和或平均值。但对于某些可兼容的使用用途，笔者认为其机会成本应是被放弃的、可兼容用途的潜在收益求和后的最高值。

（2）测算结果的非精确性。在现实中，"机会"数量是无限的，人们不能穷尽所有可能选择的"机会"，也就无法清楚所有"机会"产生的机会成本，人们只能在一个有限的范围内尽量比较已了解和掌握的"机会",估算出海洋资源选择某种用途时有限数量的机会成本,从而造成其机会成本测算结果的非精确性。这既是机会成本的一个基本特性,也是其无法回避的局限性。

（三）机会成本的核算模型

研究构建机会成本的核算模型,首先应明确其基本构成。对于机会成本的构成,国内学者各抒己见,可谓是智者见智、仁者见仁。其中,经济学家厉以宁先生认为机会成本是由显成本与隐成本组成,其中显成本即会计成本,是指经营者使用他人资源的实际支出成本;而隐成本是指经营者利用自有资源应付而未付的成本。周守文、周娅楠则认为机会成本即是隐成本,不应包括显成本。赵国杰等提出机会成本等于放弃诸项目中的最大净收益扣除已选项目的净收入。

本研究认为构建海洋资源机会成本的核算模型,应基于海洋资源自身的特点及其机会成本的基本内涵与特性,可分两种:一是对使用用途相互排斥的海洋资源用于某种用途时的机会成本,应等于所放弃的用于其他适宜、互相排斥用途时所能获得的最大潜在纯收益;另一种是对某些用途可以兼容的海洋资源用于某种用途时的机会成本,则等于所放弃的用于其他适宜、兼容用途时所能获得的潜在纯收益求和后的最高值,具体公式如下:

$$G = \text{Max}\{J_1, J_2, \cdots, J_i, \cdots, J_n\} = \text{Max}\{P_i - P_c\} \quad (4-1)$$

$$G = \text{Max}\{J_1, J_2, \cdots, J_i, \cdots, J_n\} = \text{Max}\left\{J_1, J_2, \cdots, \sum_{i=p}^{q} J_i, \cdots, J_n\right\} \quad (4-2)$$

式中: G 为海洋资源某种用途的机会成本; J_i 为海洋资源所放弃的第 i 种（ $i = 1, 2, \cdots, n$ ）其他适宜、互相排斥用途的纯收益; P_i 为海洋资源所放弃的第 i 种其他适宜用途的收入; C_i 为海洋资源所放弃的第 i 种其他适宜用途的成本。

三、海洋工程生态补偿的最高标准

生态系统服务价值评估主要是针对生态保护或者环境友好型的生产经营方式所产生的渔业生产、减灾防灾、滨海旅游、气候调节、生物多样性保育等生态系统服务价值进行综合评估与核算。国内外已经对相关的评估方法进行了大量的研究。就目前的实际情况，由于在采用的指标、价值的估算等方面尚缺乏统一的标准，且在生态系统服务与现实的补偿能力方面有较大的差距，因此，一般按照生态系统服务计算出的补偿标准只能作为补偿的参考和理论上限值。

海洋工程生态补偿最高标准确定应以生态系统服务损害价值为基础，考虑海洋工程的生态损害系数、生态补偿系数和补偿年限，核算海洋工程生态补偿标准。计算公式如下：

海洋工程生态补偿标准 = 生态系统服务价值损失量（万元/年）×补偿系数×补偿年限（年）

其中，生态系统服务价值损失量 = 本底生态系统服务价值（万元/年）×损害系数。海洋生态系统服务价值由海洋供给服务价值、海洋调节服务价值、海洋文化服务价值和海洋支持服务价值构成。根据核算海域的实际情况筛选评估要素和具体的评估指标。

考虑到海洋生态系统状况存在年际波动特征，生态系统服务价值取近三年的平均值。考虑海洋工程所属行业的产业规模、利润率、社会责任，国家产业政策以及工程损害特征，综合确定海洋工程生态补偿系数。成熟产业、集中度高的行业、高利润行业、高社会责任企业、国家政策限制的产业应多补偿。根据31个专家打分，综合确定海洋工程基准生态补偿系数，见表4-1。

表4-1　海洋工程的基准生态补偿系数

编码	名　称	编码	名　称	基准生态补偿系数（0~1.0）	说　明
1	渔业用海	11	渔业基础设施用海	0.3~0.5	非盈利性的用海，可取下限
		12	围海养殖用海	0~0.2	个体渔民用海，不补偿
		13	开放式养殖用海	0~0.2	个体渔民用海，不补偿
		14	人工鱼礁用海	0~0.1	纯公益项目，可不补偿

编码	名　称	编码	名　称	基准生态补偿系数（0~1.0）	说　明
2	工业用海	21	盐业用海	0.3~0.5	
		22	固体矿产开采用海	0.8~1.0	
		23	油气开采用海	0.8~1.0	
		24	船舶工业用海	0.8~1.0	
		25	电力工业用海	0.7~1.0	风能、海洋能及其他新能源开发用海，取低限补偿
		26	海水综合利用用海	0.2~0.4	公共服务，取低限
		27	其他工业用海		参照本表确定
3	交通运输用海	31	港口用海	0.5~1.0	承担公共交通职能的用海，可取下限
		32	航道用海	0.0~0.2	
		33	锚地用海	0.0~0.2	
		34	路桥用海	0.0~0.2	
4	旅游娱乐用海	41	旅游基础设施用海	0.5~1.0	非盈利性的、对公众开放的用海，取下限
		42	浴场用海	0~0.5	
		43	游乐场用海	0.3~0.6	
5	海底工程用海	51	电缆管道用海	0.5~0.8	承担公共服务的用海，可取下限
		52	海底隧道用海	0.4~0.7	
		53	海底场馆用海	0.4~0.7	
6	排污倾倒用海	61	污水达标排放用海	0.3~0.6	承担公共服务的用海，可取下限
		62	倾倒区用海	0.3~0.6	
7	造地工程用海	71	城镇建设填海造地用海	1.0	
		72	农业填海造地用海	0.8~1.0	
		73	废弃物处置填海造地用海	0.8~1.0	公共服务，取下限
8	特殊用海	81	科研教学用海	0	纯公益项目，不补偿
		82	军事用海	0	纯公益项目，不补偿
		83	海洋保护区用海	0	纯公益项目，不补偿
		84	海岸防护工程用海	0	纯公益项目，不补偿
9	其他用海				参照本表确定

第五章 海洋工程生态补偿管理机制与模式

第一节 海洋工程生态补偿管理模式

一、海洋工程生态补偿制度建立的法律法规依据

在我国现行的法律体系中，海洋工程生态补偿制度的建立依据主要有《中华人民共和国宪法》《中华人民共和国环境保护法》《中华人民共和国海洋环境保护法》《中华人民共和国渔业法》及国家海洋局相关政策。

（一）《中华人民共和国宪法》

现行《中华人民共和国宪法》（以下简称《宪法》）于 2004 年 3 月 14 日由第十届全国人民代表大会第二次会议通过。中华人民共和国共制定过四部宪法，现行的第四部宪法在 1982 年由第五届全国人民代表大会通过，并经过了 1988 年、1993 年、1999 年和 2004 年四次修正。《宪法》是中华人民共和国的根本大法，拥有最高法律效力。宪法是其他法律的立法基础，宪法关于生态保护的规定，是生态补偿的立法依据。《宪法》对生态环境的保护做了明确规定，其第九条规定："矿藏、水流、森林、山岭、草原、荒地、滩涂等自然资源，都属于国家所有，即全民所有；国家保障自然资源的合理利用，保护珍贵的动物和植物。禁止任何组织或者个人用任何手段侵占或者破坏自然资源"。该条规定了自然资源的所有权属于国家或者集体，并规定了国家保障对自然资源的合理利用。第二十六条规定："国家保护和改善生活环境和生态环境，防治污染和其他公害。国家组织和鼓励植树造林，保护林木。"《宪法》的上述

规定，以国家根本大法的形式确立了环境资源保护、防治污染这一基本国策，并为海洋工程生态补偿提供了法律基石。第十条规定："国家为了公共利益的需要，可以依照法律规定对土地实现征收或者征用并给予补偿。"第十三条规定："公民合法的私有财产不受侵犯。""国家为了公共利益的需要，可以依照法律规定对公民的私有财产实行征收或者征用并给予补偿。"宪法的这些规定，第一次突出了公共利益与私人产权利益之间的协调，肯定了补偿机制在法律调整中的地位，强调了对私人合法财产的保护，强调了私人财产权利的不可侵犯性，对私人财产实施宪法保护以及对私人经济利益损失的经济补偿制度，同样适用于自然资源和环境保护领域。《宪法》作为最高位阶的法律，其有关规定，对海洋工程生态补偿制度的适用和解释具有重大指导意义。

（二）《中华人民共和国环境保护法》

《中华人民共和国环境保护法》（以下简称《环境保护法》）于 1989 年制定发布，2014 年 4 月修订通过，修订后的环境保护法自 2015 年 1 月 1 日起施行。《环境保护法》是我国生态保护的基本法，也是海洋工程生态补偿制度的基本法，其多处涉及生态补偿的相关内容，第五条规定："环境保护坚持保护优先、预防为主、综合治理、公众参与、损害担责的原则。"第六条规定："企业事业单位和其他生产经营者应当防止、减少环境污染和生态破坏，对所造成的损害依法承担责任。"第三十一条规定："国家建立、健全生态保护补偿制度。国家加大对生态保护地区的财政转移支付力度。有关地方人民政府应当落实生态保护补偿资金，确保其用于生态保护补偿。国家指导受益地区和生态保护地区人民政府通过协商或者按照市场规则进行生态保护补偿。"第五条和第六条均提出"损害担责"（损害依法承担责任），第三十一条则明确提出建立健全生态保护补偿制度。《环境保护法》的上述规定，成为海洋工程生态补偿制度建立的法律基础。

（三）《中华人民共和国海洋环境保护法》

《中华人民共和国海洋环境保护法》（以下简称《海洋环境保护法》）是 1982 年制定、2013 年修订，《海洋环境保护法》既是一部专门性的环境保护单行法律，也是对我国海洋环境保护进行全面调整的综合性海洋环境保护法律。《海洋环境保护法》专设第三章"海洋生态保护"，规定"应当采取措施保护有典型性、代表性的海洋生态系统，对具有重要经济、社会价值的已经遭到破坏的海洋生态应当进行整治和恢复。"第九十条规定："造成海洋环境污染损害的责任者，应当排除危害，并赔偿损失；完全由于第三者的故意或者过失，造成海洋环境污染损害的，由第三者排除危害，并承担赔偿责任。对破坏海洋生态、海洋水产资源、海洋保护区，给国家造成重大损失的，由依照本法规定行使海洋环境监督管理权的部门代表国家对责任者提出损害赔偿要求。"海洋环境保护法明确了对海洋生态环境污染损害应承担相应的赔偿责任。

（四）《中华人民共和国渔业法》

《中华人民共和国渔业法》（以下简称《渔业法》）于 1986 年制定、2000年和 2004 年修正，第三十二条规定："在鱼、虾、蟹洄游通道建闸、筑坝，对渔业资源有严重影响的，建设单位应当建造过鱼设施或者采取其他补救措施。"第三十五条规定："进行水下爆破、勘探、施工作业，对渔业资源有严重影响的，作业单位应当事先同有关县级以上人民政府渔业行政主管部门协商，采取措施，防止或者减少对渔业资源的损害；造成渔业资源损失的，由有关县级以上人民政府责令赔偿"。《渔业法》明确了建设工程造成渔业资源损失，应予以赔偿（补偿）。

（五）国家海洋局关于海洋生态补偿的政策

《国家海洋事业发展"十二五"规划》指出："从恢复海洋生态功能、提高海洋生态承载力角度出发，将研究建立海洋生态补偿机制，选择典型海域开展海洋生态补偿试点"。《关于进一步加强海洋生态保护与建设工作的若干意见》（国海发〔2009〕14 号）提出："为落实国务院赋予海洋部门'承担海洋生态损害国家索赔'的新职责，2014 年国家海洋局印发了《海洋生态损害国家损失索赔办法》及相关标准，建立健全海洋与海岸工程生态补偿、生态污损事故赔偿等海洋环境经济政策，条件成熟的沿海地区海洋部门要积极开展海洋生态损害补偿赔偿工作试点。""有关部门要积极探索海洋生态补偿机制，引进市场机制吸纳社会资金，按照'谁投资、谁经营、谁受益'的原则，调动集体和个人投资海洋生态保护的积极性，拓展海洋生态保护与建设的融资渠道"。并制定了《海洋生态损害评估技术指南（试行）》等相关技术指南和规定，推动海洋生态补偿制度建设。

目前，对海洋生态补偿制度的规定仍然分散在个别法律法规中，并且有规定的也是针对海洋生态补偿的个别内容，整个海洋生态补偿制度体系相对涣散，框架结构也很不完善，因此，从整个海洋生态保护法律体系来看，我国的海洋生态补偿制度还需要进一步完善。但是同时也要看到关于海洋生态补偿法律法规、政策性文件的规定在现实中仍然起到了规范海洋生态补偿的积极作用，使我国海洋生态补偿制度不断完善、发展、健全具备了一定的立法基础和法律依据。

二、海洋工程生态补偿管理模式构建原则

（一）坚持"谁开发谁保护、谁破坏谁恢复、谁受益谁补偿、谁排污谁付费"的原则

2013年召开的党的十八届三中全会通过了《中共中央关于全面深化改革若干重大问题的决定》，决定明确提出实行生态补偿制度，并提出"坚持使用资源付费和谁污染环境、谁破坏生态谁付费原则""坚持谁受益、谁补偿原则，完善对重点生态功能区的生态补偿机制，推动地区间建立横向生态补偿制度。"海洋资源属于公共资源，其开发利用者要承担相应的生态环境成本，海洋生态保护和建设的受益者要补偿海洋生态保护与建设者。因此，海洋工程开发和使用人或受益人在合法利用海洋资源过程中，必须对海洋资源的所有权人或为海洋生态环境保护付出代价者支付相应的费用，这也是一种公平性的体现。

（二）政府主导、市场推进原则

海洋的水体流动性、空间立体性和整体性决定了海洋工程生态损害的对象、范围较陆域研究更广，其生态补偿的利益相关者比陆域资源的生态补偿更复杂，利益相关者间环境利益、经济利益分配关系调整也会更加困难，在市场

机制尚不健全、工业化进程并未完成、公众的环保意识和环境知识还在逐步提高的现阶段，政府在生态补偿中仍起主导作用。但随着市场经济的发育以及市场机制不断健全，市场在海洋工程生态补偿中的作用也将日益提高。

（三）坚持顶层设计、部门分工协作实施的原则

海洋工程生态补偿涉及多方利益调整，包括海洋、渔业、交通、环保等多个管理部门，应从管理体制、制度保障、监督监管、资金筹措等多方面开展顶层设计，确立牵头部门，协调整合各部门的专业力量，将目标和任务分解到有关资源管理部门，分工协作开展海洋工程生态补偿。

（四）先试点再推广和因地制宜的原则

海洋工程生态补偿制度的建立是一个新的课题，国内多个省市在这方面做了许多探索尝试，应在总结相关经验和实践的基础上制定海洋工程生态补偿管理模式，将制定的模式选择具有一定海洋工程生态补偿基础的地方进行试点，通过试点优化海洋工程生态补偿制度。同时还要结合各地的实际情况和区域特点来构建真正适用的海洋工程生态补偿管理模式。沿海各地的自然条件和社会经济条件不尽相同，其海洋工程生态补偿管理模式的构建不能简单照抄照搬，而应根据区域的具体特点来"量身定做"。

三、海洋工程生态补偿基本模式

（一）海洋工程生态补偿的运行机制

根据主导的力量不同，海洋工程生态补偿可以分为国家政策主导的生态补偿、市场经济主导的生态补偿、法律主导的生态补偿和群众主导的生态补偿。

（1）国家政策主导的生态补偿。国家政策主导的生态补偿，主要是指国家政策中明确规定了的，或未明确规定但提出方向的，主要为中央和地方政府的生态补偿机制。目前我国已有的大部分生态补偿都属于该类。如"退耕还林""退耕还草"、海洋渔业减船转产工程、渤海碧海行动计划、海域海岸整治修复工程等。

（2）市场经济主导的生态补偿。市场经济主导的生态补偿是指，在市场运行过程中利益各方博弈中形成的生态补偿。主要包括企业对排污的直接补偿以及旅游部门对森林、流域等生态保护部门的补偿等。在我国，市场经济主导的生态补偿尚未真正有效地发展起来，主要是由于管理部门、人民群众的生态价值观缺失，导致不能对应补偿客体进行补偿。同时，市场经济运行中，各利益人的趋利心理也会使补偿者尽量避免应尽的补偿义务。

（3）法律主导的生态补偿。法律主导的生态补偿是指由法律条文明确规定的，强制破坏环境行为主体对受损者进行补偿的生态补偿方式。

（4）群众主导的生态补偿。群众主导的生态补偿是由群众自发组织，形成专门的组织机构，对生态环境某一方面问题进行补偿的生态补偿方式。在我国，由于生态补偿观念的缺失，目前还没有该种形式的生态补偿，但是群众主导的生态补偿方式作为生态补偿的一个类型，在生态补偿方面能发挥非常大的作用，只有在人人都参与生态补偿时，我国的生态补偿才能说真正得到重视，生态补偿的目标才能真正实现。

总之，政府应在海洋工程生态补偿中发挥组织者和指挥者的作用，市场调节作为补充可以克服政府包揽管理事务的弊端，提高生态补偿管理的效率与效益，为生态补偿顺利有效推进提供必要支持。社会参与则是确保生态补偿落到实处的重要保障，社会群众是生态补偿的基础细胞，公民社会组织能够在确保政府和市场的责任性、透明性和回应性等方面起到积极的作用。"政府主导、市场调节、社会参与"这三种方式互相配合，才能推动海洋工程生态补偿工作的顺利开展。其作用方式框架如图 5 - 1 所示。

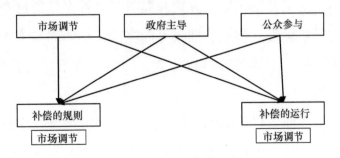

图 5 - 1　海洋工程生态补偿运行机制

（二）海洋工程生态补偿的实现途径

一个完整的生态补偿过程需要从补偿主客体的确定，补偿具体事宜的商定，到补偿活动的实施，再到对补偿运行情况进行监督，最后到基本目标的实现这样一个比较完整的路径来实现。它由基本决策层、标准决策层、评估层及目标层组成。其实现途径如图 5 - 2 所示。

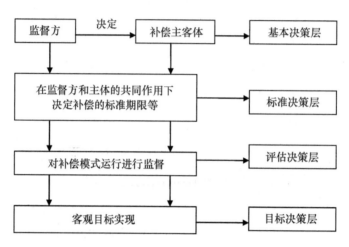

图 5 - 2　海洋工程生态补偿实现途径

（1）基本决策层。该部分由监督方对生态补偿实施的可行性进行评估，并确定补偿的主客体。对主体各方的确定可先由相关方来申请，再由监督方来确定。相关申请方可包括补偿者主动申请、被补偿者申请和其他申请人，其中其他申请人可以是监督方本身，也可以是补偿者的主管部门等。

（2）标准决策层。该部分主要是在主体中补偿者与受偿者的相互博弈和在监督方的评估下确定补偿标准、方式和期限等。首先是通过专家论证，摸清楚补偿所涉及的补偿标准、方式、期限等内容。在具体的实施中应以监督方出具的评估报告为基础，主体各方进行博弈，对监督方给定的补偿标准、方式、期限等进行再讨论。

①在补偿标准方面，讨论结果若低于监督方报告结果，应按监督报告标准进行补偿。认为项目缺失可提出由主体各方协商，协商不成功可再提交监督方对增加项评估。

②在补偿方式方面，应尽量选择现金补偿以外的其他补偿方式，实现补偿方式的多种组合，解决我国现行生态补偿中存在的补偿方式过于单一的问题。尤其值得注意的是在监督方确定了智力补偿方式后，不应由其他方式来代替。对于各补偿方式在总体中所占份额应由主体各方商议决定。商议不能确定的按监督方评估报告方案进行。

③在补偿期限方面，原则上不赞成使用一次性短期投入的方式。对于相关企业直接补偿也不能使用永续补偿的方式。对于主体各方商讨的期限不得低于监督方评估报告中划定的期限，商讨结果不高于划定结果五年的可自行修改，高于五年的应报给监督方再次评估。

④在资金来源方面，视具体情况可由补偿方交一定金额的保证金给监督方，在补偿方不能按时补偿的情况下使用保证金。

（3）评估层。主要是对生态补偿机制的运行进行监督、评估。这一阶段中，主要是生态补偿机制的各项内容确定后，由监督方对补偿者的补偿执行过程进行监督，防止补偿者投机行为的发生。同时对补偿过程中各项数据、材料注意收集，对补偿机制的运行进行效果评估，为以后其他生态补偿的设计做铺垫。为使收集到的数据真实可靠，不流于形式，可通过群众上访和抽样调查等进行数据采集。

（4）目标层。生态补偿最终目的就是实现补偿客体的自我保护、自我管理、自我发展的良性循环。自我保护，就是要让遭受到生态与环境破坏的地方重新恢复昔日生机。自我管理，就是不仅让环境得到改善，还要使这种态势持续下去；自我发展是一种可持续的状态，在不受外力帮助的情况下，能够保持经济、社会和环境的可持续发展状态。

第二节　海洋工程生态补偿方式和手段

一、海洋工程生态补偿方式

生态补偿的方式大多以直接支付资金为主，辅之以提供实物、给予优惠政策和开展技术培训等的方式，这些方式同样适用于海洋生态补偿领域。借鉴已有的实践经验，结合海洋生态补偿的实际特点，海洋生态补偿方式可以归纳为以下几种类型。

（一）货币补偿

海洋生态补偿是一种经济手段，因此，补偿主体通过直接支付给补偿对象货币的方式，能够最有效地实现环境经济利益的调整，而且方便灵活。在海洋生态补偿中，可以根据具体的情境条件和补偿对象，采用补偿金、贴息、退税、补贴和赠款等方式，如使用国家所有的海域进行海洋工程建设的开发主体向国家缴纳海域使用金就是一种货币补偿方式。这种方式能够在一定程度上解决补偿对象的资金筹集和经济损失问题，能够很好地体现利用效益的公平性与科学性。

（二）政策补偿

国家和沿海各级政府在实施海洋生态补偿时，可以通过制定给予各项优先权和优惠待遇的政策给予补偿对象权利和发展机会的补偿。例如，政府运用行政和经济政策手段大力扶持有利于海洋资源可持续利用的产业，如海洋生态旅游和海洋生态养殖等。补偿对象在补偿权限内，可以利用在产业发展、财政税收以及项目投资等方面的政策支持和优惠进行创新发展。政策补偿方式的优势是可以在宏观上对于补偿对象的发展起到一种方向性的导引作用。

（三）实物补偿

在海洋生态补偿实施的过程中，补偿主体还要负责提供补偿对象的实际生活和生产所急需的生活要素和生产要素，包括物资、劳动力和房屋等，目的是帮助受偿者解决急需的、基本的生活和生产困难。例如，为那些由于海洋生态保护和建设需要而搬迁的渔民提供住房和基本的生活条件。

（四）发展机会补偿

在海洋生态补偿对象中，对于一些自谋生路存在困难的个体，政府还要积极地创造条件将这部分人妥善安置到相关的海洋开发项目中去，为他们提供发展机会。

二、海洋工程生态补偿手段

根据海洋生态补偿的运行机制，海洋生态补偿分为政府补偿和市场补偿两大类（表5-1）。政府补偿是补偿主体与对象通过行政调节实现补偿，主要采用管制、补贴、税收优惠、支付转移等手段进行补偿活动，是一种命令、控制式的生态补偿，政府补偿是生态补偿实施的主要方式。政府补偿的政策方向性强、目标明确，但存在体制不灵活、管理成本高、财政压力大等不足。目前我国的海洋生态补偿主要方式是政府补偿，通过行政手段的强制性及宏观性解决海洋生态补偿问题。

表5-1 海洋生态补偿手段

类型		内容
政府手段	财政转移支付政策	政府通过财政转移支付手段对在海洋生态保护中做出贡献者和受到损失者进行补偿，包括纵向的财政转移支付和地方同级政府的财政转移支付
	海洋生态建设保护项目投资政策	政府投资兴建海洋生态保护项目和生态友好型的产业发展项目，除直接实施海洋生态保护项目外，还可引导社会资本进入海洋生态保护和建设中
	税收优惠政策	政府对海洋生态保护和建设的贡献者或因海洋生态保护蒙受损失的利益相关者给予税收方面的减免或返还等优惠政策
	海洋环境税费和专项资金	根据国家有关法律、法规，由使用海洋生态资源或受益于海洋生态保护和建设的单位和个人向国家缴纳一定的资源使用税费和其他资金，专门用于生态保护和建设或生态破坏修复的费用。如渔业资源费、渔业资源增殖保护费、排污费、消除污染费用及赔偿费等

类型		内容
市场手段	一对一的市场交易	海洋生态保护的贡献者对受益者或海洋生态环境的破坏者对受损者双方通过协商谈判的方式来确定补偿的条件和金额。在采取这种手段时，政府应通过制定进行补偿交易协商的法律依据、统一的补偿量的核算技术标准和建立相应的仲裁机制等来发挥其应有的组织者作用
	配额交易	在海洋生态系统所提供的服务价值能够进行标准化计量的前提下，可以采用配额交易的方式来进行补偿，可以借鉴《京都议定书》确定的碳汇交易模式赋予海洋生态系统服务功能体现价值的市场机制，使那些使用海洋生态环境服务（如向海洋排污或倾废）的经济方支付成本
	生态标志	对海洋生态环境友好型的产品进行标记，如生态海产品、绿色海产品的认证与销售。通过生态标记，体现该海产品保护生态的附加值，从而使保护海洋生态的代价和成本得到补偿。这种手段实施的前提是必须建立相关的为消费者所信赖的生态产品认证体系。目前在国际上各种生态产品认证体系种类繁多，其中最为权威的是 Intertek 生态产品认证体系，该生态产品认证体系已经覆盖到食品领域，可以应用于海产品认证

　　市场补偿则是补偿主体与对象通过市场交易的方式实现补偿，在制定的各类生态环境标准、法律法规的范围中，利用经济手段，通过市场行为改善生态环境活动的总称，市场补偿是未来发展的主要方向。市场补偿方式是政府补偿方式的补充，包括产权交易市场、一对一贸易和生态标记等，市场补偿的方式灵活、管理运行成本低，但也存在补偿难度大、盲目性和短期行为严重等问题。但随着我国海洋生态补偿制度的建立与完善，应充分利用市场机制的激励作用，发挥其方式灵活、管理运行成本低等优势。

第六章　海洋工程生态补偿政策制度保障

第一节　海洋工程生态补偿的政策法规保障

为了使海洋工程生态补偿能够顺利实施，还需要具备相配套的法律法规、管理体制、监督评估等机制。

一、海洋工程生态补偿的法规法规制度建设

鉴于海洋生态系统对人类生存与发展的重要性以及海洋生态破坏的严峻现实，国家和沿海各级政府已经认识到开展海洋生态补偿工作是一项紧迫的任务，并且部分地区也已经进行了很多的海洋生态补偿实践探索。为了更好地开展海洋生态补偿工作，国家将建立和完善生态补偿制度列为一项重要的任务，沿海各级政府也在积极探讨制订各地的海洋生态补偿制度。正如前文所述，海洋生态补偿就是矫正在海洋资源开发利用过程中，各个相关经济行为主体的环境利益和经济利益的分配关系。因此，这实质上是一种利益关系的协调过程，通过对利益相关者冲突利益关系的重新调整和对各利益主体的行为范围的限制和规范，可以最大限度地促进海洋资源的可持续发展。在对社会利益冲突的制度协调过程中，法律制度是其中核心的内容之一，通过法律机制的协调，可以有效降低政策协调、经济协调和观念协调的主观随意性。然而，我国有关生态补偿的规定大多是政策层面的，法律层面的规定只是零星地散布在各种法律、法规中，尚未形成完整、系统的有关生态补偿的法律法规，关于海洋生态补偿的规定更为鲜见。缺乏有关的法律保障给海洋生态补偿机制的实施带来诸多障

碍和限制。因此，必须尽快建立、健全海洋生态补偿的法律保障，构建海洋生态补偿机制的法律保障体系必须首先要更新以往的立法理念和价值观，要把推动和促进社会效益、经济效益和生态效益的可持续发展作为立法基本点，在此基础上，建立完善规范的生态补偿的法律体系。完善的法律体系最基本的特点是它的系统性、完整性和不同级别、层次及不同层次立法之间的相互协调和配合。因此，建立完善的海洋生态补偿法律体系必须以《宪法》对资源产权的清晰界定为前提，以《环境保护法》中明确生态补偿的内涵为基础，以中央和地方各级政府制定相配套的《生态补偿条例》和《海洋生态补偿条例》为依据，并且还应在《海洋环境保护法》中完善对海洋生态保护的法律责任。

（一）在宪法中确立生态补偿机制的法理基础

现行宪法虽然确立了自然资源的所有权归国家，但未明确自然资源的所有权问题。因此，建议在修改宪法时，首先应将生态资源作为一种重要的自然资源来考虑制定相关条款。建议在宪法中明确界定生态资源的产权，不仅要明确生态资源的国家所有权，还应该对这一国家所有权所派生出的支配权、使用权和收益权等进行严格界定。在明确国家的生态资源所有权的前提下，应明确规定生态资源的支配权、使用权和收益权属于国家所有权的代理——各级政府，从而建立起各级责任权利对等的激励机制。只有这样，生态补偿机制的制定和实施才具有充分的法理基础。

（二）完善海洋环境保护法的海洋生态保护法律责任规定

建议国家有关立法机构应根据当前的客观形势重新审视立法理念，将维护、提高和改善海洋生态系统服务功能以实现海洋生态资源的可持续发展作为立法基本点，围绕这一基本点修改现行的《海洋环境保护法》。由于民事赔偿责任的事后救济性，且惩罚性的行政责任对于海洋生态损害行为人的威慑力不足，因此，建议修改现行海洋环境保护法关于海洋生态损害行为刑事责任的规定，承担海洋生态损害刑事责任的条件应以威胁海洋生态安全或造成海洋生态损害为要件。根据我国的立法惯例，在海洋环境保护法中所规定的海洋生态损害刑事责任一般都没有明确的罪名与罪状，都需要援引我国刑法的相关规定才能够定罪量刑。所以，还必须修改我国刑法中有关环境资源犯罪行为的认定条件，使之与海洋生态损害刑事责任相衔接。为了能够真正起到预防生态损害行为发生的作用，建议提高刑罚的力度。明确海洋生态资源的开发利用主体必须承担治理环境、恢复生态的责任。

由于海洋生态资源关系到社会公共利益，作为社会公共意志的代言人，国家必须尽快履行其应承担的海洋生态补偿相关法律的立法责任。

（三）尽快制定出台《生态补偿条例》和《海洋生态补偿规定》

目前各级沿海政府针对海洋生态补偿机制的建立开展了很多有益的探索和实践工作。纵观各地的补偿试点工作，普遍存在着以下问题：首先，各地对生态补偿的内涵、主体、对象及范围等的界定存在很大差异；其次，对于不同地区、区域间的生态补偿问题，虽然也通过地区间、区域间各省份的协调，对小规模、小范围内的生态补偿达成了共识，但在具体操作上有相当大的难度，并缺乏法律根据和法律约束。再次，在补偿的具体模式方面，各地所采取的补偿方式和手段也缺乏规范性和协调性，补偿资金的来源也不固定。这些问题给海洋生态补偿实践的开展带来了诸多障碍和限制。

为了统一和协调各级政府的生态补偿政策，规范各级政府的生态补偿实践工作，建议尽快启动生态补偿法的立法程序，通过立法来明确生态补偿各法律关系主体的权利、责任和义务关系，从而为生态补偿工作提供法律依据。在此基础之上，针对海洋生态补偿实践，建议由国务院尽快出台生态补偿条例，对补偿的目的、原则、实施程序、资金来源、方式和手段等办法和程序用法规的形式固定下来，在这一框架下，国家海洋局制定海洋生态补偿规定，沿海各省政府根据各地实际情况制定海洋工程生态补偿实施细则或办法，在其中具体规定海洋工程生态补偿的主体、对象、标准、方式及程序。这样就可以使海洋工程生态补偿机制的实施工作在有法可依的基础上真正落到实处。

二、海洋工程生态补偿的政策激励与支撑

要使海洋生态补偿机制具备可操作性，必须要有完善的海洋生态补偿政策

体系的支撑。具体要从以下几方面来考虑：一方面，由于海洋生态资源属于国家所有，因此，政府作为国家所有权的代理人有权制定和采取各种海洋生态环境资源税费政策来获得补偿；另一方面，由于海洋生态资源具有公共物品属性，因此，必须由政府采取各种公共财政政策来确保海洋生态补偿的顺利实施，从而促进海洋生态公共物品的足量供应。在此基础上，各级政府还要制定相关的产业扶持政策，以激发和引导各类投资主体积极进行海洋生态建设和保护。

（一）建立健全海洋工程生态补偿的财政政策

（1）完善现有的海洋生态环境资源税费政策。税收政策是国家财政政策的重要组成部分，在国家完整的生态税收体系的框架下，为了实现海洋生态环境保护的目标而制定一系列的税收政策，将是国家和政府调控海洋生态保护与建设最有力的政策手段。生态税收又称绿色税收，是指国家为了实现特定的环境政策目标、筹集环境保护资金、强化纳税人的环境保护行为而开征的多个税种和采取的一系列税收措施组成的一个特殊税收体系。生态税收政策的主要内容则是以保护生态环境为课征目的，专门针对污染环境、破坏生态平衡的行为或产品课征的特殊税种。而为保护生态环境而采取的各种税收调节措施及其他税种中所包含的与环境保护有关的内容，比如为激励纳税人防治污染及保护环境的行为所给予的税收减免优惠措施等，通常作为辅助性的内容来配合各种专门性的生态环境保护税种。

我国目前在生态税收体系建设方面仍是空白，还未开征生态税，仅在广西、福建等14省（自治区）的部分县市实施了生态补偿费的征收工作，并且生态补偿费的征收范围目前仅包括矿产开发、土地开发、旅游开发、自然资源、药用植物和电力开发这六大类领域，尚没有实施系统的生态补偿费政策。在海洋资源开发领域实施的海洋生态补偿政策主要包括以下几种海洋环境资源收费政策：县级以上人民政府渔业行政主管部门向受益的单位和个人征收渔业资源增殖保护费政策；海洋排放污染物的单位和个人向国家缴纳排污费、倾倒费政策；海洋石油勘探开发作业单位向国家缴纳消除污染费用、赔偿费和排污费的政策。由此可见，目前的海洋环境资源收费政策还很不全面，未能真正实现对国家所有的海洋生态资源价值的补偿。有鉴于此，建议对海洋工程开发利用海岸或海域的经济活动开征海洋生态补偿费。海洋生态补偿费的计收标准应以具体开发利用活动对海洋生态环境影响的评价结果为基础。海洋生态补偿费的征收可以为海洋生态保护和建设提供稳定的财政收入来源，并且征收海洋生态补偿费可以将海洋资源开发和海洋工程项目建设的外部成本纳入其开发成本中，从而可以间接体现海洋生态资源的价值。

（2）健全海洋生态补偿的财政转移支付政策。由于海洋生态资源具有公共物品属性，并且海洋生态保护与建设项目涉及面广、协调成本高，所以海洋生态保护和建设的投入应主要依靠政府的财政转移支付政策。财政转移支付包括纵向和横向两种。纵向的转移支付是指上级政府向下级政府拨付财政性资金，而横向转移支付则是指富裕地区向贫困地区拨付财政性资金。总体来说，目前中央政府对地方政府的补助以及省级政府对其所辖地区政府的补助是各领域生态补偿实施的主要资金来源。因此，为了顺利实施海洋生态补偿工作，建议中央政府和各沿海省政府应在其纵向财政转移支付项目中增加生态补偿项目，并且通过制定分类指导政策增加对海洋生态补偿的补贴力度。此外，为了体现特定区域间的海洋生态系统服务的市场交换关系，还应实现海洋生态受益地区向实施海洋生态保护和建设地区间的横向转移支付。逐步形成以纵向为主，纵横交错的财政支付模式，从而在协调地区间环境利益关系的基础上，真正实现地区间公共服务水平的均衡化。

（3）加大海洋生态保护与建设项目的财政支出政策力度。中央和各级沿海政府应积极采取政策措施来加大对海洋生态保护与建设项目的投入。可以考虑由国家海洋生态补偿委员会及地方各级海洋生态补偿委员会负责管理海洋生态资源、兴建海洋生态保护和建设项目，相关的经费开支可按一定比例从其管理的海洋生态补偿基金中列支，剩余比例部分由所在地区的政府从其财政中提供资金配套支持。各级沿海政府还可采取直接投入的政策方式来促进海洋生态资源的增值保值。如政府可以采取投放人工鱼礁和"海底森林"的模式来改善海域的生态环境，使局部的海洋生态系统的功能增强，从而提高海洋生态资源价值。

（二）制定和实施海洋生态产业的扶持政策

各级沿海政府应积极实施各种政策鼓励企业发展海洋生态产业，在提高海洋经济效益的同时，维护、改善和提高海洋生态资源价值。各级政府的海洋与渔业部门在发展海水养殖业时，应通过财政补贴、税收优惠及技术推广等方式鼓励发展海域立体生态养殖、滩涂综合生态养殖等模式，使发展生态养殖经济方的外部成本得到补偿，从而在提高海域养殖经济效益的同时保持海洋生态系统平衡，促进海洋生态资源保值增值。各级沿海政府应在其财政预算中增加海洋生态产业扶持项目，并逐步提高这部分投入在其预算中的比例安排。

（三）合理制定海洋产业结构调整政策

制定各个层级的海洋经济发展规划是各级政府的法定义务。因此，中央和沿海各级政府要通过制定合理的发展规划来规范各级政府的海洋经济开发政策，促使沿海各级政府通过制定有利于海洋生态保护的产业发展政策来促进海洋产业结构的调整。沿海各级政府在制定相关的产业政策时，一方面要禁止新建或者扩建化工、印染、造纸、电镀、电解、制革、有色金属冶炼、水泥、拆船以及其他严重污染海洋环境的工业项目，另一方面要大力发展高新技术产业和现代服务业。只有科学地制定和实施海洋产业结构的调整政策，才能平衡好发展海洋经济和保护海洋生态的关系，从而促进海洋生态补偿的顺利实施。

三、海洋工程生态补偿的体制建设

（一）建立完善的海洋工程生态补偿综合管理体制

我国的海洋工程生态补偿实践还处于试点和探讨阶段，迄今为止还未形成一个完善的海洋工程生态补偿管理体制。目前，我国负责海洋生态环境管理工作的最高权力机构是国家海洋局。保护海洋环境，是国家海洋局的重要职责之一。由其负责建立和完善海洋管理的有关制度，起草海岸带、海岛和管辖海域的法律法规草案，负责全国海洋生态环境的调查、监测、监视和评价，并且负责监督管理海洋自然保护区和特别保护区。此外，国家海洋局还负责拟订海洋技术标准、计量、规范和办法。而直属于各沿海省政府的海洋行政管理部门及其管辖下的各级海洋行政主管部门承担了保护当地海洋生态环境的责任，主要职责包括：负责组织拟订海洋环境保护与整治规划，拟订污染物排海标准和总量控制制度；组织、管理全省海洋环境的调查、监测、监视和评价；监督陆源污染物排海；负责海洋生物多样性、海洋生态环境和渔业水域生态环境保护工作；监督管理海洋与渔业保护区。根据这一管理体制，借鉴森林、草原等其他领域的生态补偿的管理体制，在此提出以下建议。

第一，由国家海洋局设立国家海洋生态补偿委员会，由其代表国家行使海洋生态资源的国家所有权，负责维护、改善和提高海洋生态系统的服务功能。具体职责包括：管理海洋生态补偿基金；管理、监督国家级海洋自然保护区与特别保护区；统一管理、监督和协调全国的海洋生态补偿工作。

第二，在国家海洋局派驻各海区的分局设立区域海洋生态补偿委员，由其行使对所辖海域的海洋生态资源的管理权，管理、监督和协调所辖海域的海洋生态补偿工作。具体职责包括：负责国家海洋生态补偿法律、法规在本海区的监督实施；负责本海区的海洋生态补偿的组织、监督和协调工作。

第三，由沿海各级政府的海洋行政主管部门以及环保部门联合成立各地区的海洋生态补偿办事机构，负责具体实施所辖海域的生态补偿工作。这一机构的主要职责包括三部分：①根据各种用海、涉海的经济开发项目的环境影响评价报告评价开发活动对海洋生态系统服务功能的影响，在此基础之上制定海洋生态补偿实施方案；②在实施方案的框架之下，组织和协调海洋、环保部门及开发主体实施海洋生态补偿；③在海洋生态补偿项目实施完毕以后，根据海洋生态补偿项目的实施方案，领导小组还要负责对海洋生态补偿项目的完成情况进行考核。

总之，国家宏观调控、集中协调，区域统筹规划、科学计划，沿海各级政府具体协调实施是完善的海洋生态补偿综合管理体制的主要特征。建立海洋生态补偿综合管理体制，应突出区域海洋生态补偿委员会的统筹协调管理的作用，赋予区域海洋生态补偿委员会相应的职能和职责，以对各地区、各部门的海洋生态补偿工作进行全局性的指导，协调各地区之间的补偿关系。将具体的海洋生态补偿办事机构设在沿海各级政府的海洋行政主管部门，赋予其相应的综合管理职能，可以充分调动地方各级政府积极进行海洋生态补偿的组织实施工作。

（二）建立海洋生态补偿的行政责任机制

为了推动和落实海洋生态补偿机制的具体实施，各级沿海政府应改革和完善领导干部政绩考核机制，建立领导干部任期生态环境质量责任制和行政问责制，从而促进领导干部树立正确的政绩观，使其能够正确处理经济增长与海洋生态保护的关系。沿海地区各级政府应将绿色国内生产总值（GDP）核算制度落实到区域经济核算体系中，积极探索将海洋生态资源和环境成本纳入当地的经济发展评价体系中的方法。此外，将海洋生态保护和建设的目标纳入党政领导干部的政绩考核指标体系中，并逐步增加其在考核体系中的权重，各级沿海政府应根据本地区的自然环境条件和产业结构情况建立海洋生态环境质量指标体系，可以考虑将海水水质达标率、万元 GDP 排污强度及群众对海洋环境满意度等指标纳入其中，逐步形成科学的海洋生态环境质量标准体系。建立海陆联动的海洋环境保护协调机制，将海洋环境保护纳入环境保护责任目标，实行严格的责任考核与追究制度。

（三）建立海洋生态资源价值评价机制

海洋生态补偿的条件是海洋生态系统服务功能发生增减变化，这种变化最终必须表现为一定的货币价值形式才能进行补偿。因此，应尽快建立海洋生态资源价值评价机制。首先，各地区的海洋生态补偿委员会牵头成立当地的海洋生态资源价值评估机构，也可以授权一些海洋环境科学方面的科研机构对当地海洋生态资源的价值进行评估，在形成初步的结论以后，会同经济学界、法学界、企业界的代表及社会公众代表论证决定最后的评估价值。通过评估，一方面可以为海洋生态补偿对象提供主张生态补偿的依据，另一方面还为海洋生态资源贴上了"价值标签"，使海洋经济主体及公众建立海洋环境成本意识，从而促进他们自觉地进行海洋生态保护和建设。

（四）建立海洋生态产品的生产认证机制

推行海洋生态产品标志也是一种海洋生态补偿的途径，消费者以高于一般海产品的价格购买了采用环境友好方式生产的海产品，实际上是对生产这类产品所付出的海洋生态保护的额外成本所进行的间接补偿。随着我国居民的收入和环保意识的不断提高，居民对海洋生态产品的支付意愿不断增强，目前我国的海洋生态标志产品的消费市场已经形成，为利用海洋生态标志这种手段来实施海洋生态补偿提供了有利条件。因此，国家和政府应尽快建立海洋生态产品的生产认证机制。应从以下两方面出发来建立这一机制。首先应建立海洋生态产品的认证机制，由国家有关部门制定专门的海产品生产体系的生态认证标准，根据这一标准对海产品生产、加工等各个环节进行检测，如检测结果达到认证标准即发放生态标志。可以授权第三方认证机构来实施检验认证，如瑞士通用公证行（SGS）等为消费者所信赖的权威机构，这些机构是提供生态产品认证服务的国际性认证机构。其次，各级沿海政府要通过实施各种扶持和优惠政策鼓励海洋生态产品的生产，从而形成海洋生态产品生产的激励机制，引导生产者将海洋生态优势转化为海洋生态产品优势。国家和政府要通过各种途径，积极向消费者推荐获得生态标签的海产品和生产企业，帮助企业塑造良好的社会形象，积极建立绿色消费体系。

由于目前海洋生态系统服务市场尚未建立，单纯依靠市场机制来实施海洋生态补偿无法实现海洋生态资源与环境的保护目标。在海洋生态补偿机制建立和实施过程中，国家和沿海各级政府应充分发挥其主要实施者和组织者的作用，国家和政府不仅要制定完善的海洋生态补偿政策和制度，而且还要积极通过公共财政支出来实施海洋生态补偿。对于可以通过市场机制来实施的补偿，政府也要发挥其组织者的重要职能，创造各种有利条件，积极引导有关利益方通过协商谈判来实施补偿。

四、海洋工程生态补偿的监督管理

我国长期生态环境建设实践经验表明，在开展生态补偿、环境损害修复工作中，如实行本部门上级监督和评估本部门下级的工作，不设立独立的第三方机构进行监管和评估，可能存在从本位主义出发或专业知识、专业力量不足而导致的诸多问题，如目标偏离、评估和监测的标准不够准确等。鉴于此，海洋工程生态补偿需要建立一支社会化的监管和评估机构，对海洋工程生态补偿工作从方案设计、到具体实施、再到目标达成的全过程进行监督和评估，以提高海洋工程生态补偿金使用效益及海洋环境损害修复成效，维护海洋生态平衡，保持海洋资源可持续利用。该机构作为独立的第三方社会化监管机构应该与补偿主体没有利害关系，与项目建设的执行者、维护者没有行政隶属关系。该机构人员应由多学科专门人才组成，能对海洋生态环境效益、经济效益、社会效益进行全方位的评估。

第二节　海洋工程生态补偿的资金筹集制度保障

海洋生态公共物品的特性及我国现行环境保护管理体制决定了海洋工程生态补偿资金筹措渠道，主要包括以下几种。

一、征收海洋工程生态补偿费及生态补偿税

海洋生态补偿费的计收标准应根据具体开发利用活动对海洋生态环境影响的评价结果为基础。海洋生态补偿费的征收可以为海洋生态保护和建设提供稳定的财政收入来源，并且征收海洋生态补偿费，将海洋资源开发和海洋工程项目建设的外部成本纳入其开发成本中，从而可以间接体现海洋生态资源的价值。

税收政策是国家财政政策的重要组成部分，因此，在国家完整的生态税收体系的框架下，为了实现海洋生态环境保护的目标而制定一系列的税收政策，

将是国家和政府调控海洋生态保护与建设最有力的政策手段。生态税收又称绿色税收，是指国家为了实现特定的环境政策目标、筹集环境保护资金、强化纳税人的环境保护行为开征的多个税种和采取的一系列税收措施而组成的一个特殊税收体系。生态税收政策的主要内容则是以保护生态环境为课征目的，专门针对污染环境、破坏生态平衡的行为或产品课征的特殊税种。而为保护生态环境而采取的各种税收调节措施及其他税种中所包含的与环境保护有关的内容，例如，为激励纳税人防治污染及保护环境的行为所给予的税收减免优惠措施等，通常作为辅助性的内容来配合各种专门性的生态环境保护税种。

二、征收海洋生态补偿保证金、违法罚款及设立海洋生态责任保险

海洋工程在开工建设前，根据工程的规模、投资额和环境影响程度缴纳一定比例的海域生态保证金，如果工程建设过程中对海洋环境造成了损害，按照评估的结果从保证金中扣除。同时未经合法批准的海洋工程建设需缴纳一定的罚款。

在海洋生态补偿中，有必要建立海洋生态风险分散机制，即针对可能发生的海洋生态风险推行强制性的海洋生态责任保险制度，这样可以分散责任主体的风险，保证在风险发生后能够及时、充分地给予补偿。例如设立海洋环境污染责任险，排污者可以通过投保将其排污行为可能导致的责任风险转嫁给保险公司，由保险公司对其造成的损害进行补偿。总的来说，海洋生态保险承保的范围应包括：负责赔付由于发生海洋生态风险事故给受害方所造成的损失和为了修复、保护受到损害的海洋生态资源所支出的费用。海洋生态保险机制是一种直接的经济激励机制，可以成为降低海洋生态损失的风险调节器与有效的管理手段，并且也体现了污染者付费的生态补偿原则。既可以通过海洋生态保险拓宽筹集相应的补偿资金的渠道，又可以通过这种海洋生态损失的预先安排，来保证在海洋生态损失发生后能够及时、有效地修复受损的海洋生态功能。

三、财政转移支付的资金

沿海地区在海洋生态保护与建设上的投入所产出的利益并不仅仅限于本地

区，而是同时惠及周边地区和全社会。因此，国家和政府必须要对某个地区在海洋生态保护和建设中所投入的人力、物力和财力给予相应的补偿，以弥补该地区在海洋生态保护与建设中应获得的收益，否则就会严重挫伤其积极性。目前，国内外通行的做法是财政转移支付。但是，目前在中央和地方各级政府的财政转移支付制度中，并未针对生态补偿安排一般性的财政转移支付。因此，对海洋生态补偿的各种财政转移支付隐含并分散在财政体制分成和各种专项财政转移支付之中，如海洋自然保护区建设、渔民转产转业项目和海洋污染治理项目等。只要项目符合申报条件，均可获得财政补助。财政资金获得与否以及获得多少并未考虑该地区所承担的海洋生态保护和建设任务的多少。鉴于此，建议采取有力措施，加大对海洋生态补偿的财政转移支付的力度：首先，要将对海洋生态补偿的财政转移支付列入一般性财政转移支付范围，这是由生态补偿的固定性、长期性和均衡性的特点所决定的。为了保障生态补偿机制能够发挥其长效机制的作用，应列入一般性转移支付范围。在此基础上，增加海洋生态补偿核算因子，具体考虑海洋生态系统服务功能价值的补偿、海洋自然保护区面积等因子，增加对海洋生态补偿的一般性转移性支付。具体来说，中央和各级政府在每年的财政预算中都安排固定比例的资金，用于海洋生态系统服务功能维护和海洋自然保护区建设和管理的投入。只有这样，海洋生态系统服务这种公共物品才能够保证供给，才能够为全社会的发展创造一个良好的生态环境。

四、建立海洋生态系统服务的市场交易体系

可以借鉴国外先进的生态补偿经验，积极探索基于市场的海洋生态系统服务的交易模式，从而拓宽补偿资金的来源渠道。可以用于海洋生态补偿的市场交易模式主要有一对一交易、市场贸易和生态标记。一对一交易是在海洋生态系统服务的受益方或破坏者很明确并且数量较少、海洋生态系统服务的提供者或受损者数量不多的条件下，可以在政府有关部门的组织、协调下开展补偿双方的谈判以确定交易条件和价格，通过价格支付来筹集补偿资金。可以借鉴著名经济学家戴尔斯的排污权交易理论，建立海洋生态环境污染权的交易制度。向海洋排放或倾倒废物的经济行为可以视为是利用海洋生态资源的一种方式。因此，使用者必须为此付出经济代价，作为海洋生态资源的所有者，政府可以把这种利用方式的经济代价通过排污权的交易来实现。具体来说，就是首先建立海洋排污权许可证制度，经济主体只有获得了排污许可证，才可以向特定海域排放许可证允许数量的污染物。然后建立海洋排污权交易机制，政府可以根据专家的计算和测定确定一份排污权可以排放每一种污染物的数量，在此基础上再根据当地的海洋生态环境容量的限制水平来确定排污权的总量，以合理的价格把污染权出售给各经济主体，并且政府允许污染权可以转让。通过海洋污染权的交易可以实现对海洋生态资源所有者——国家的补偿，并且还能够有效地抑制污染和破坏海洋生态环境的经济行为。生态标记可以间接支付海洋生态系统服务的价值，因此，国家和政府应通过各种政策措施来积极发展海产品的生态标记认证工作，从而可以间接地筹集生态补偿资金。

五、可借助国内外环保基金

为了鼓励发展中国家开展对全球有益的环境保护活动而成立的全球环境基金（GEF）实质上是一个国际资金机制，主要是以赠款或其他形式的优惠资助，为受援国（包括发展中国家和部分经济转轨国家）提供关于气候变化、生物多样性、国际水域和臭氧层损耗四个重点领域以及与这些领域相关的土地退化方面项目的资金支持，以取得全球环境效益，促进受援国有益于环境的可持续发展。GEF 在生物多样性领域的业务规划之一就是海岸、海洋和淡水生态系统。世界自然基金会（WWF）也将其资助项目领域扩展到海洋生态系统保护与可持续利用领域。例如 2007 年 9 月，黄海生态区保护支援项目由松下电器、韩国海洋研究院（KORDI）和世界自然基金会（WWF）联合启动。黄海生态区保护支援项目的目标是让黄海生态区中维持生物多样性的关键栖息地得到有效的保护和管理。项目的前两年主要通过以小额基金的形式支持黄海沿岸利益相关方的环保活动，以提高公众对于黄海生态区生物多样性保护和生态系统服务功能的重视程度。此外，近年来随着我国经济的发展和公众环保意识的增强，在国内一些社会组织和个人的发起下也建立了各种环保基金，致力于推动我国环保事业的发展，如中华环境保护基金会、中国环境基金等组织。在海洋生态补偿领域，可以借助国内外的基金资助来启动一些保护海洋生态资源的生态补偿项目的实施。

六、绿色金融政策贷款和发行海洋生态建设专项国债等其他方式

为了实施海洋生态补偿以促进海洋生态保护和建设，政府应考虑制定相关的绿色金融政策。所谓绿色金融政策是指政府为了实现环境保护的目的而实施的投融资政策。对于一些海洋生态补偿项目的投入，国家应在金融信贷方面给予优惠政策，以便扶持海洋生态补偿项目。另一方面，国家还可以通过限制对污染和破坏海洋生态资源及环境企业的贷款采取限制政策，来减少其对海洋生态环境的破坏。

国家进行海洋生态保护基础设施和公共设施建设需要大量的中长期资金，因此，可以考虑通过发行中长期专项国债的方式来解决资金缺口问题。通过这种方式筹集到的资金可以解决由于建设海洋生态保护项目而产生的补偿资金的需求问题。

总之，由于目前中国生态环境资源的市场化程度还很不成熟，海洋生态补偿资金的筹集在一段时期内仍然要以政府渠道为主导，因此，具体的海洋生态补偿的实施要充分利用政府资源来筹集相应的资金，但随着政府对生态资源市场化的推进，还要积极调动市场资源来参与海洋生态补偿，除此之外，还可以借助一些慈善机构和基金会等社会资源形成一定的海洋生态补偿的资金来源。

第三节　海洋工程生态补偿的资金管理保障

由于海洋生态补偿费数额巨大、政策性强，应当由专门的机构征收管理，保证专款专用。从中央到地方，层层设立相应的专户，实行申请审批，列支列

收。同时审计部门也要加强海洋生态补偿费使用情况的审计和监督，保证补偿资金在各级财政的监督下封闭运行，做到分级管理，不挤占、不平调、不挪用，使海洋生态补偿制度真正实现抑制不合理的用海需求，保护海洋生态环境，保护社会成员的共同利益的目标。

当前生态补偿金的征收管理的途径主要有三种：①各资源管理或开发利用主管部门负责征收、管理和使用生态环境补偿费；②各资源管理或开发利用主管部门代为征收本行业的补偿费，交由综合部门统一管理和使用；③综合管理部门（环境保护部门）负责统一的征收和管理，建立生态环境保护基金，进行统一规划，组织各部门共同开展恢复治理工作。第一种途径虽有利于单项生态环境问题的解决，但容易造成部门间的重复收费，既增加了资源开发利用企业和单位的负担，又使资金过于分散，而且不利于整体生态环境破坏问题的解决；第二种途径虽有利于征收工作，但由于征收环节多，在资金的汇总和管理等方面也会存在一些困难；第三种既有利于发挥资金集中使用的优势，更有利于整个生态环境问题的综合治理和解决，符合生态环境有机整体性的规律和特点，但是其由于管理体制和认识上的问题，这种途径在征收工作上会存在一些困难。

一、生态补偿费的征收管理

根据海洋工程生态损害的特点及我国海洋环境保护的统一监督管理与分工负责管理机制，海洋工程生态补偿金在征收上，应当实行统一收费，统一管理，避免对同一工程的多重收费。根据《防治海洋工程建设项目污染损害海洋环境管理条例》，国家海洋行政主管部门负责全国海洋工程环境保护工作的监督管理，因此，海洋工程生态补偿金应由海洋行政主管部门负责统一征收。

（1）借鉴海域使用金征收管理办法，在地方人民政府管理海域以外以及跨省（自治区、直辖市）管理海域的项目缴纳的海洋工程生态补偿金，由国家海洋局负责征收，就地全额缴入中央国库；在地方人民政府管理海域内的项目由当地省级海洋行政主管部门负责征收，按一定比例分别缴入中央国库以及项目所在地的省级地方国库，按照规定比例实行省、市、县（市、区）三级分成。

（2）海洋生态补偿费属于政府非税收入，应纳入财政预算，实行"收支两条线"管理。

（3）海洋生态补偿费实行一次性征缴。

二、生态补偿费的使用管理

海洋生态补偿费应专项用于海洋生态环境修复、保护、整治和管理。主要包括以下范围：海洋生态环境的调查、评价和管理；海洋生态环境的修复、保护和整治；海洋污染事故应急处置；海洋生态损害赔偿和损失补偿的调查取证、评估鉴定和民事诉讼等项支出；海洋生态环境保护的科学研究。

海洋生态补偿费的使用上，由中央到地方，要层层设立相应的海洋生态补偿金专户，实行年度预、决算制度。按照预算管理要求，各级海洋行政主管部门根据海洋生态补偿费的支出范围，编制年度专项支出预算，报同级财政部门。财政部门按照部门预算审核程序，结合收入情况，根据海洋行政主管部门开展海洋生态环境修复、保护、整治和管理工作需要，核定本级海洋生态补偿费专项支出预算，并监督使用。年度终了，海洋行政主管部门应编制年度财务决算，报送同级财政部门。同时，审计部门也要加强海洋生态补偿金使用情况的审计和监督，保证补偿资金在各级财政的监督下封闭运行，做到分级管理，不挤占、不平调、不挪用，专款专用。补偿金的使用可在生态环境保护与生态破坏恢复治理统一规划的前提下，将目标和任务分解到海洋、渔业和交通等有关管理部门，并依此设定项目，拨给或补助相应的经费。这样既符合统一监督管理与分工负责的机制，又能满足生态环境有机整体性规律的要求，充分发挥集中资金的优势和专业部门的技术力量，有利于生态环境的综合治理。

海洋生态补偿费应严格按照预算安排使用，专款专用，年终结余结转下年度使用。海洋生态补偿费的支付按照财政国库管理制度有关规定执行。海洋生态补偿费收入列"政府收支分类科目"第 103 类"非税收入"07 款"国有资源（资产）有偿使用收入"99 项"其他国有资源（资产）有偿使用收入"。海洋生态补偿费支出列"政府收支分类科目"第 201 类"基本公共管理与服务"19 款"海洋管理事务"99 项"其他海洋管理事务支出"。

第七章　大连青堆子湾大型围海养殖工程生态补偿示范应用

第一节　大连青堆子湾大型围海养殖工程概况

大连青堆子湾（39°41′59″—39°49′31″N，123°11′41″—123°26′06″E）位于庄河市青堆子镇东南，东为南尖半岛、西为黑岛半岛所环抱（图7-1），岸滩处于地窖河、湖里河、英那河入海河口之间，潮间带为这3条河流的水下复合三角洲，湾口朝向东南，宽约13 km，纵深9 km，总面积约156.8 km²，其中潮滩面积130 km²，占总面积的83%，浅海水域仅占17%。该湾滩广水肥，初级生产力较高，是多种鱼虾贝等生物生存的良好场所。

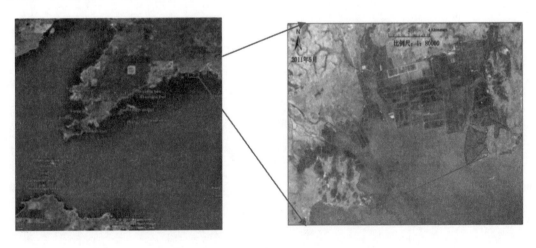

图7-1　青堆子湾区位图与卫星图

青堆子湾示范区周边海域广阔，水质肥沃，水产资源较为丰富，主要有近海鱼类、潮下带底栖生物、低潮线附近生物类及滩涂贝类等，其中滩涂贝类主要包括蛤仔、文蛤、四角蛤蜊、泥螺、蓝蛤、青蛤、缢蛏等品种。20世纪60年代该湾有小黄鱼、黄姑鱼、梭鱼、带鱼等多种经济价值较高的鱼类，到了80年代因过度捕捞导致这些鱼类除梭鱼外基本匿迹，而以青鳞鱼、黄盖鲽、石鲽、斑尾复虾虎鱼等小杂鱼为主。青堆子湾拥有芦苇、海盐、渔业、港口、滨海休闲旅游等资源，适宜栽种芦苇，生产海盐，围塘种殖水稻，滩涂养殖贝类，围海养殖虾、参、蛰，开展滨海休闲旅游、海洋捕捞及建设渔港等。

青堆子湾自1958年开始筑堤围海养鱼，20世纪70年代建立了以水稻种植为主的鱼、苇、稻综合利用系统，20世纪80年代随着海水养殖业的兴起，人们将部分潮上带的盐田、稻田、苇田改成虾池，潮间带改成围塘，又以养殖对虾为主，1980—1987年对虾养殖面积约1 100 hm²。1990—2013年，示范区围海养殖面积由59.59 km²扩展到83.56 km²，增加了40%，占该湾总面积的53.29%，已成为我国北方最具代表性的大型海水养殖场之一，但同时围海养殖也占据了大面积生物栖息地，高潮带现已基本消失，滩面沉积物、水动力条件及生境状况等都发生了很大变化，不同程度造成了该湾滩涂贝类与近海鱼类资源的衰退。

第二节　大连青堆子湾围海养殖工程的生态损害识别与因果关系判定

根据青堆子湾围海养殖工程特点及周边海域状况，本研究进行了示范区围海养殖工程生态损害识别（表7-1），采用简单因果关系方法判定两者间存在的因果关系。

表 7 - 1　青堆子示范区围海养殖工程生态损害识别

生态损害类型	生态损害程度	隶属生态系统服务
捕捞产量降低	增养殖区捕捞量降低	渔业资源供给服务
养殖产出增加	养殖种类产量增加	海水养殖供给服务
原材料减少	原海域原材料产量减少	原材料供给服务
基因资源减少	原海域生物种类的减少，潜在基因资源减少	基因资源供给服务
气候调节和维持空气质量下降	浮游植物减少，光合作用降低，产氧降低，碳汇减少	气候调节服务
抗风消浪能力减弱	大型海洋植物丧失或遭破坏，天然海岸线遭破坏	干扰调节服务
养殖自身污染导致富营养化	养殖系统产生溶解态氮磷营养盐过量；养殖用药残留排放；水体富营养化，沉积环境有机质增多	废物处理调节服务
亲海行为缺失	原海域休闲娱乐活动（生态旅游）受到影响	文化服务
原有景观改变	景观服务价值减少	景观文化服务
研究与教育改变	科学研究与教育价值减少	教育文化服务
生境丧失或破碎化	围海养殖导致原滩涂生境破碎化，导致某些生物繁殖与栖息地丧失；部分改变海域自然属性可恢复	生物多样性支持服务
生物多样性改变	养殖种类单一，系统结构单一，生物多样性降低	生物多样性支持服务
营养物质循环减弱	氮、磷循环能力减弱	营养物质循环支持服务
水动力改变	围海养殖、开放式养殖（浮筏贝或藻养殖、网箱鱼类养殖）均导致海域原有水动力发生改变	养分调节支持服务
初级生产减少	海洋植物减少，叶绿素 a 浓度降低，初级生产力降低	初级生产支持服务

第三节　大连青堆子湾围海养殖工程的生态系统服务损害评估

一、数据来源

对青堆子湾围海养殖生态损害价值评估需要大量数据，主要来源包括现有文献、政府公报、统计年鉴及 2011—2012 年青堆子湾海洋生物生态补充调查，具体评估数据来源见表 7 - 2。

表7-2　评估数据来源一览

海岸带生态系统服务		主要数据	资料来源
支持服务	生物多样性维持	人口数、人均支付意愿值	《庄河年鉴2012》与实地调研数据
	营养物质循环	氮、磷损失量及化肥市场价	实地调研数据与宁修仁等的研究成果（1995）
	繁殖地与栖息地	初级生产力、转化效率、贝类混合含碳率、贝类与软体动物重量比、市场价、利润	实地调研数据与卢振彬、赵文等的研究成果（2003）
供给服务	食品供给	面积、收入与平均利润率	实地调研数据与厦门东西部海域捕捞研究报告（2004）等的研究成果
	基因资源供给	人口数、人均支付意愿值及面积与单位面积海域基因资源价值	庄河年鉴2012与实地调研数据及De Groot R S等的研究成果（2002）
调节服务	气体调节	固碳成本、产氧成本、单位时间、面积固碳量及面积	实地调研数据与彭本荣、陈伟琪等的研究成果（2005）
	干扰调节	人工海岸线造价、破坏的天然岸线长度、工程使用年限	实地调研数据与彭本荣、洪华生等的研究成果（2005）
	废物处理	环境容量、处理成本、海水容量、水深	彭本荣等的研究成果（2005）与实地调研数据
文化服务	生态旅游	人口数、人均支付意愿值	庄河年鉴2012与实地调研数据
	教育与科研	人口数、人均支付意愿值及面积与单位面积近海水域精神文化教育服务价值	庄河年鉴2012与实地调研数据及De Groot R S等的研究成果

二、围海养殖工程的生态系统服务价值损失

（1）生境丧失或破碎化服务价值损失。海洋为其各种生物提供生存环境，

围海养殖占据了海洋生物生存空间，使围海区内生物生境完全丧失或破碎化，其受损的价值可通过围海养殖对海水水质、沉积物质量、占用潮滩面积等方面的影响来体现。由于水质和沉积物质量难以通过现有技术定量化和货币化，但因生境作为载体，支撑着其他海洋生态系统服务的实现，很有必要分析其损害价值，故对围海养殖活动前后水质和沉积物的差异进行定性分析。围海养殖前，青堆子湾水质和沉积物质量很好，营养盐丰富，为海洋生物提供了良好的生存环境；围海养殖后，养殖池塘的修建导致生境丧失或破碎化，造成水质和沉积物质量下降，潮滩面积减小等损害。

（2）生物多样性维持服务价值损失。青堆子湾海域为众多生物提供了重要的产卵场、越冬场和避难所。围海前鱼虾贝类等海洋生物种类繁多，生物多样性维持在较高水平；围海后被围区域只养海参，同时养殖池塘占据此物理空间，改变了潮间带自然属性，破坏了生物栖息地，导致生物种数大幅减少，生物多样性大大降低，造成生物多样性维持服务功能受损。

通过调查与统计分析，人们对于保护青堆子湾滩涂生物多样性服务功能（包括选择、遗产和存在价值）的平均支付意愿约 90.23 元/（人·a）。鉴于青堆子湾开展滩涂资源保护、恢复及评估其生态系统服务价值的具体内容，其利益相关者主要为其周边地区的人们，本研究粗略以庄河市 2011 年人口 84.35 万人计其利益相关者人数，则该湾滩涂因围海养殖造成的生物多样性维持服务功能的价值损失约为 2 816.03 万元。

（3）营养物质循环服务价值损失。营养物质循环，即海洋生物对营养物质（氮、磷等）的贮存、循环和保持。氮、磷等必需营养元素以大气沉降、地表径流等方式进入海洋，被海洋生物分解和利用后，进入食物链循环；海产品被收获后，营养元素又从海洋回到陆地，弥补了陆地生态系统营养元素的流失，从而使营养元素在陆海间动态循环，支撑着海洋生态系统的正常运转。

海洋植物属自养生物，在吸收外源营养物质方面起重要作用。围海养殖活动使原海域植物完全消失，造成营养物质循环服务功能受损，可通过对比分析养殖前后围海区海水中营养元素含量和滩涂植被、大型海藻、微藻等植物的生物量及其营养元素含量对营养物质循环功能的损害价值进行估算。

由于未获得青堆子湾潮间带的植物、大型海藻、微藻等相关数据，故此处只估算围海养殖前后海水中营养物质循环损害价值。据调查，青堆子湾池塘养殖区和海区无机氮和活性磷酸盐的浓度差值分别为 136.02 mg/m³ 和 4.68 mg/m³，围海前后水深均按 1 m 计，我国平均化肥价格取 2 549 元/t，一般藻类植株中氮含量为 8.0% ~ 10.4%，磷含量为 0.8 ~ 1.45%。可以粗略估算得到青堆子湾围海养殖营养循环损害价值为 10.54 万元。

（4）水动力条件服务价值损失。围海养殖对水动力条件的影响通过流速或水交换周期等水动力因素体现。由于缺乏青堆子湾水动力方面的历史数据，难以定量，故此部分服务价值损害不予估算。

（5）繁殖地与栖息地服务价值损失。青堆子湾养殖池塘区围海前的叶绿素 a 浓度由青堆子湾海区的叶绿素 a 浓度代替。据调查，青堆子湾养殖池塘区叶绿素 a 全年平均浓度为 7.72 mg/m³，透明度为 0.3 m；海区叶绿素 a 全年平均浓度为 11.78 mg/m³，透明度为 0.27 m；由大连市气象局提供的年均日照时间为 7.4 h。根据公式（3 – 12），可以得到青堆子湾围海养殖初级生产力的损害量为 46.64 mg/(m² · d)（以 C 计）。

根据 Tait R V 对近岸海域生态系统能流的分析结果，10% 的初级生产力会转化为软体动物；卢振彬等人的研究表明，软体动物混合含碳率为 8.33%，各类软体组织与其外壳的平均重量比为 1∶5.52；通过调研，贝类产品平均市场价为 10 元/kg，销售利润率为 25%。可以粗略得到青堆子湾围海养殖繁殖地与栖息地（或初级生产力）的损害价值约为 76.85 万元/a。

（6）食品供给服务价值损失。青堆子湾海域食品供给主要来自海水养殖与海洋捕捞，因围海养殖以创造养殖价值为直接目的，故本项目食品供给服务功能的损害主要核算海洋捕捞的损害值。

海洋捕捞损害表现为渔业资源的减少和损失。海洋渔业资源为可再生资源，青堆子湾围海养殖活动造成围海海域的鱼卵、仔稚鱼等生物的大量死亡，减少了海域潜在的渔业资源价值。可采用直接市场法，一是参考海洋捕捞的平均利润估算近海捕捞的损害价值，通过调查，青堆子湾单位面积鱼类、虾蟹类和头足类的捕捞量分别为 0.692 kg/(hm² · a)、0.294 kg/(hm² · a) 和 0.023 kg/(hm² · a)，市场单价依次为 10 元/kg、40 元/kg 和 50 元/kg，近年来其海洋捕捞平均利润率约为 30% 左右，可以算得青堆子湾围海养殖海洋捕捞功能的损害价值为 3.09 万元/a；二是也可通过该湾围海养殖前后初级生产力损失量，计算青堆子湾年渔业资源产碳损失量为 21.34 t，据测定与换算，平均 1 t 有机碳可换算渔获物鲜重为 8.103 7 t，经市场调查近年来各类捕捞水产品平均价格约 40 元/kg 左右，运用 Tait 模式可估算其近海捕捞损失值约 207.52 万元，则青堆子湾围海养殖造成的海洋捕捞功能的损害价值取其平均值，即 104.32 万元/a。

（7）基因资源供给服务价值损失。本研究主要是通过实地走访、问卷调研，采用意愿调查法或条件价值法来核算该湾基因资源供给服务的损害价值，方法同于生物多样性维持服务损害价值核算。据调查，对于保护青堆子湾滩涂基因资源供给服务的人均支付意愿约 45.76 元/（人 · a）左右，则该湾滩涂因围海养殖造成的基因资源供给服务功能的价值损失约为 1 312.35 万元。

（8）气候调节与气体维持服务价值损失。围海养殖使得潮间带湿地植被（如米草、芦苇）、浮游植物、大型藻类等消失或严重受损，损害了近海生态系统的气候调节服务功能。近海生态系统气候调节服务通常包括气体、热量和水汽调节，而气候调节服务价值主要体现在气体调节服务价值上，故本研究只对气体调节服务功能的损害价值进行估算。

青堆子湾生态系统单一，以北黄海 CO_2 吸收量 35.2 t/km² 作为其对 CO_2 的固定量。据调查青堆子湾海域平均初级生产力损失量为 46.64 mg/(m² · d)（以 C 计），则年产碳量为 17.02 g/(m² · a)。根据目前国际上通用的碳税率标准和我国的实际情况，采用我国造林成本 250 元/t 和国际碳税标准 150 美元/t（按 2013 年美元与人民币汇率 1:6.2 计）的平均值 590 元/t 作为固定 CO_2 的成本；O_2 的制造成本则采用陈应发等人的研究成果 370 元/t 计，即可估算出该湾围海养殖工程造成的气体调节服务功能的损害值为 224.88 万元/a。

（9）干扰调节服务价值损失。青堆子湾围海养殖活动占用了近岸空间，毁坏了天然海岸线，导致了干扰调节功能受损，这部分服务损害价值可采用影子工程法，以建设同等长度的人工海岸线的工程造价做粗略估算。

青堆子湾围海养殖毁坏的天然海岸线长约76.02 km，人工岸线的工程造价为 2×10^6 元/km，年维护成本是工程造价的2%，工程使用年限按15年计，采用公式（3-13），可粗略估算得到青堆子湾围海养殖干扰调节服务的损害价值约 1 317.68 万元/a。

（10）废物处理（环境容量）服务价值损失。围海养殖对海洋生态系统废物处理服务功能的损害价值，可通过替代成本法或重置成本法来核算，即根据受损海域纳潮减少量与涨、落潮的污染物浓度计算因围海养殖造成的污染物携出量减少所导致的服务功能损害值。

海洋容纳的污染物很多，包括氮、磷、重金属、抗生素磺胺类和氟苯尼考等，由于氮、磷容量的价值在营养物质循环中已有所体现，故这里不再重复计算。据调查，青堆子湾池塘养殖区与海区的重金属浓度差异不显著，但抗生素磺胺类和氟苯尼考差异明显，故只估算抗生素磺胺类和氟苯尼考的污染损害值。该湾围海养殖前后抗生素磺胺类和氟苯尼考的浓度差分别为 9.16 mg/m^3 和 0.73 mg/m^3；因缺少相关数据，其去除成本暂按含氮、磷的污水处理费均值 2 元/kg 计；鉴于青堆子湾围海养殖在潮间带，其水体厚度取 2 m，可以得到围海养殖废物处理功能的损害值为 212.99 万元/a。

（11）生态旅游服务价值损失。青堆子湾属旅游资源未经开发的天然海湾。围海养殖前，本地人或游客可以来此开展垂钓、野炊、海边烧烤等休闲娱乐活动；围海养殖后，滩涂变成养殖池，不再适宜休闲娱乐，导致游客减少，潜在的生态旅游服务功能受损。

本项目主要通过实地走访、问卷调研，采用意愿调查法或条件价值法来核算该湾滨海生态旅游服务功能的损害价值，方法同于生物多样性维持服务损害价值核算。据调查，对于保护青堆子湾滩涂滨海生态旅游服务功能的人均支付意愿约 30.02 元/（人·a）左右，则该湾滩涂因围海养殖造成的滨海生态旅游服务功能的价值损失约为 962.23 万元。

（12）科研与教育服务价值损失。围海养殖前，青堆子湾处于自然演变状态，不受人为因素干扰，其作为海洋野生生物的栖息地，保存了大量的自然信息，可作为科研和教育的对象和场所，对海洋的深入了解意义重大；围海养殖后，生物生境被破坏，生存空间被占用，自然信息严重流失，导致科研教育服务功能受损。

本研究对于围海养殖造成的海岸科研和教育服务损害价值，主要是通过实地走访、问卷调研，采用意愿调查法或条件价值法来核算该湾科研和教育服务的损害价值，方法同于生物多样性维持服务损害价值核算。据调查，对于保护青堆子湾滩涂科研和教育服务的人均支付意愿约 38.90 元/（人·a）左右，则该湾滩涂因围海养殖造成的科研和教育服务功能价值损失约为 590.62 万元。

第四节　大连青堆子湾围海养殖工程的生态补偿标准确定

一、大连青堆子湾围海养殖工程的生态补偿最低标准

根据实地调研，青堆子湾目前以围海养殖为主，基本放弃了芦苇、海盐生产、围塘种植、滩涂养殖、滨海休闲旅游等其他利用方式，虽然围海养殖前后都可开展海水捕捞，但围海养殖无疑是造成目前近海捕捞产量减少的主要影响因素之一，可将围海养殖前后的近海捕捞损失收益作为其机会成本的核算内容之一。为此，本研究认为青堆子湾开展围海养殖的机会成本即是其放弃的其他利用方式，如芦苇、海盐生产、滨海休闲旅游等可能获取的纯收益及由于围海养殖所造成其他利用方式，如近海捕捞收益损失中的最高值。

首先，通过现场调查、收集相关文献资料，采用市场价值法分别估算围塘种植水稻及芦苇、海盐生产可能获得的年均纯收益。

（1）青堆子湾周边的地窨河、湖里河、英那河等河流带来的大量泥沙，使得湾内淤泥质潮滩极为发育，加上海滨沼泽、河口三角洲充足的水源，故其

沿岸大面积区域十分适宜种稻、栽苇。1987 年种植水稻近 47 km², 年产量 3.5 万吨以上, 据调查, 近年来庄河滨海地区水稻平均市场价约 5.0 元/kg, 利润率为 20%, 若种水稻可获年潜在纯收益约 5 600 万元。

（2）1987 年该湾栽苇 2.53 km², 年产量约 1 000 t, 若按目前辽宁芦苇的平均市场价 0.40 元/kg 计, 扣除机械化平均生产成本 0.025 元/kg, 可获年潜在纯收益约 37.5 万元。

（3）青堆子湾沿岸平坦广阔的宜盐泥沙质滩涂, 加上该区降水少、日照较长、风速与蒸发量大、且海水平均盐度较高（30～32）, 使其海盐生产条件得天独厚。"六五" 期间该湾海盐生产面积约 17.11 km², 年均产量 0.71 万吨, 按辽宁近年来海盐的市场均价 332 元/t 计, 扣除平均生产成本 125 元/t, 可获得年潜在纯收益约 147 万元。

（4）青堆子湾滩涂面积广阔, 底质分黏土质粉砂、砂质粉砂等多种类型, 滩内氮、磷及有机质含量较高, 适宜多种底栖生物繁衍栖息, 十分利于滩涂增养殖。1987 年约有贝类面积 17.33 km², 资源量 5 000 余吨, 主要经济贝类有四角蛤蜊 2 700 t、文蛤 1 000 余吨、其他还有焦蓝蛤、毛蚶、泥螺等。据调查, 围海养殖后该湾滩养面积与资源量很有限, 若以 1987 年的资源量计, 按近年来其经济贝类平均市场价 12 元/kg, 利润率约 30% 测算, 可获得年潜在纯收益约 1 800 万元。

（5）青堆子湾围海养殖面积约 83.56 km², 主要养殖品种有海参、海蜇, 兼养基围虾等。据调查, 该湾近年来海参、海蜇养殖面积均比约为 4:1, 年均产量分别为 15 万 kg/km² 与 180 万 kg/km², 按近年来海参、海蜇、基围虾的平均市场价 180 元/kg、15 元/kg、200 元/kg 计, 年均利润率约在 35% 左右, 可获得年纯收益约 7.75 亿元。

（6）本项目自 2013 年 6 月始, 先后深入到庄河市区与青堆子湾周边乡、镇如大郑镇、鞍子山乡、青堆镇、黑岛镇及大连开发区等, 就人们对青堆子湾海域资源保护与恢复及开展潜在的滨海休闲旅游等相关内容的最大支付意愿进行调查。青堆子湾开展滨海休闲旅游的人均支付意愿约 30.02 元/（人·a）左右，鉴于青堆子湾开展滨海休闲旅游的特色内容，客流主要来自周边地区的人们，本研究粗略以庄河市 2011 年人口 84.35 万人计其年均客流量，则该湾若开展滨海休闲旅游可能获得的潜在年纯收益约为 2 532.19 万元。

依据上述机会成本的核算思路与方法，本项目分别对青堆子湾海域的芦苇、海盐生产、围塘种植、围海养殖、滩涂养殖及滨海休闲旅游等不同资源开发利用方式，近年来获得纯收益或可能获得的潜在纯收益及围海养殖对近海捕捞造成的损失收益进行了估算，见表 7 - 3。

表 7 - 3　青堆子湾不同开发利用用途的机会成本

开发用途	纯收益/万元
芦苇种植	37.50
海盐生产	147.00
农业围垦种植水稻	5 600.00
滩涂养殖	1 800.00
滨海休闲旅游	2 532.19
最大纯收益	5 600.00

由于本区滩涂养殖与滨海休闲旅游可以兼容，开展滩涂养殖也不会对海洋捕捞造成收益损失，青堆子湾海域资源围海养殖的机会成本则是围塘种植水稻、生产芦苇、海盐可获得的潜在纯收益、滩涂养殖与滨海休闲旅游潜在纯收益及海洋捕捞收益损失之和中的最高值，即 5 600 万元，远低于围海养殖的纯收益，这也是该湾近 20 多年来围海养殖面积迅速增长的缘故。

青堆子湾海域不属于海洋自然与特别保护区域，其生态保护与建设直接投入成本较少，近年来地方海洋主管部门主要采取了一些放流、投放人工渔礁等修复、恢复措施，投入的经费约 500 万元/年左右，加上其围海养殖的机会成本共计约 6 100 万元，即 73 元/（hm² · a）［合 486.67 元/（亩 · a)]① 可粗略作为青堆子湾围海养殖工程的最低生态补偿标准。

---

① 亩为非法定计量单位，1 亩 = 1/15 公顷。

二、大连青堆子湾围海养殖工程的生态补偿最高标准

通过估算得到了青堆子湾围海养殖活动造成的多种生态服务损害价值，求和（扣除重复计算）可以得到青堆子湾围海养殖总的生态损害值为 7 628.49 万元/a（表 7-4）。由于生境丧失或破碎化、水动力条件、原材料供给等部分服务损害值暂未计入该湾围海养殖生态总损害值中，故青堆子湾围海养殖生态损害的年补偿标准应高于 608.63 元/（亩·a）。

对于该湾围海养殖生态损害一次性补偿标准核算，本研究综合参考了国内外的研究成果，采用2%作为贴现率，用于反映围海养殖对海洋生态系统的破坏，围海养殖使用年限为 15 年，可以估算得到青堆子湾围海养殖一次性生态损害补偿值约为 98 010.84 万元，即 7 819.60（元/亩）。

表 7-4　青堆子湾围海养殖生态服务功能损害评估值

类　型		损害评估值/（万元/a）
支持服务	生境丧失或破碎化	—
	生物多样性维持	2 816.03
	营养物质循环	10.54
	水动力条件	—
	繁殖地与栖息地	76.85
供给服务	食品供给	104.32
	原材料供给	—
	基因资源供给	1 312.35
调节服务	气体调节	224.88
	干扰调节	1 317.68
	废物处理	212.99
文化服务	生态旅游	962.23
	教育与科研	590.62
合　计		7 628.49

第八章　厦门杏林跨海大桥工程生态补偿示范应用

第一节　厦门杏林跨海大桥工程概况

厦门杏林大桥工程位于厦门市内，厦门岛高殿至集美杏林，其中杏滨路互通式公路立交位于杏林区，高崎互通式立交位于湖里区，进岛公路和铁路从杏林区进入湖里区（图8-1）。厦门杏林跨海大桥工程由三部分组成：杏林互通式立交、公路铁路跨海桥、高崎互通式立交及相关道路工程。主线全长8.53 km，其中桥长7.48 km，公铁路大桥主桥长4 151.3 m。工程跨海桥梁段长约4 900 m，公路桥宽32 m。杏林大桥主体工程位于国家级珍稀物种自然保护区的核心区内，该跨海桥梁对自然保护区的影响较为严重；同时杏林大桥经过的海域存在红树林，该跨海桥梁对红树林生态系统也造成了一定的影响（图8-2）。因此，以杏林大桥作为研究对象能够典型地反映厦门地区跨海桥梁对海洋生态系统的损害。

第二节　厦门杏林跨海大桥工程的生态系统服务损害识别与因果关系判定

厦门杏林跨海大桥工程位于厦门西海域。为了准确识别杏林大桥影响的海洋生态系统，根据杏林大桥影响海域的关键生境、资源和自然特点，将影响海域细分为石湖山-高崎海岸带、高浦海岸带和西海域其他海域三个生态区。

图 8-1　厦门跨海桥梁

图 8-2　杏林大桥影响海域

石湖山-高崎海岸带主要生境为滩涂和红树林，滩涂面积 2.05 km²，目前有天然红树林 0.2 hm²，功能区划属于红树林保护区。高浦海岸带主要生态系统包括滩涂及其红树林，滩涂的沉积物质为砂质泥和砂—粉砂—泥，滩涂上原有红树林分布。其他海域。杏林大桥经过的西海域其他海域属于中华白海豚保护区的核心区。根据建立的海洋生态系统识别体系，杏林大桥经过海域的海洋生态系统主要包括泥滩、红树林、近岸水体3大类（表8–1）。

利用建立的生态系统服务识别分类体系和已经识别出的杏林大桥经过海域的海洋生态系统，对杏林大桥经过海域的生态系统服务进行识别。识别出的各海域的海洋生态系统服务见表8–1。杏林大桥影响的海洋生态系统服务主要包括气候调节和维持空气质量、防洪、防潮、稳定岸线、养分调节、污染处理与控制、繁殖与栖息地、渔业资源、生物多样性维护、休闲娱乐服务、景观服务、科学研究和教育服务等10大类。

表8–1　杏林大桥影响的海洋生态系统及服务

	影响海域		
	石湖山–高崎海岸带	高浦海岸带	西海域其他海域
生态系统识别			
	泥滩、红树林	泥滩、红树林	近岸水体
生态系统服务识别			
气候调节/维持空气质量	●	●	●
防洪/稳定岸线	●	●	●
养分调节	●	●	●
污染处理与控制	●	●	●
生态控制/繁殖与栖息地	●	●	●
渔业资源	●	●	●
生物多样性	●	●	●
休闲娱乐	●	●	●
景观服务	●	●	●
科学研究和教育	●	●	●

注："●"代表生态系统服务受到影响。

第三节　厦门杏林跨海大桥工程的生态系统服务价值损失评估

一、气候调节和维持空气质量服务价值损失

要估算海洋的气候调节和维持空气质量服务价值必须首先了解海域的初级生产力。厦门海岛资源综合调查领导小组办公室（1996）研究表明，厦门西海域全年的平均初级生产力为 55.72 g/（m² · a）（以 C 计）。海域的初级生产力会因为红树林或其他植被的覆盖而增加。何斌源等（2007）研究得出红树林的初级生产力为 458 g/（m² · a）（以 C 计）。当海域存在红树林或其他植被时，初级生产力取红树林与相邻海域初级生产力之平均值；当海域没有红树林或者其他植被时，初级生产力取该海域的初级生产力。由于石湖山－高崎海岸带、高浦海岸带分布有红树林，故其初级生产力为 256.86 g/（m² · a）（以 C 计）。

通过对氧气制造厂成本调查发现，氧气制造的平均成本为 0.8 元/Nm³。每吨氧气相当于 700 Nm³，由此可得，氧气的制造成本为 560 元/t。本研究取各国碳税税率的平均值，42.46 美元/t 作为固定 CO_2 的成本，经汇率换算为人民币 270 元/t。以上数据可以计算得出杏林大桥经过海域单位面积气候调节和维持空气质量的价值。石虎山－高崎海岸带和高埔海岸带本类服务价值均为 0.28 元/（m² · a），西海域其他本类服务的价值分别为 0.06 元/（m² · a）。

二、干扰调节服务价值损失

海洋与海岸带生态系统防洪、防潮及稳定岸线的功能主要由红树林生态系统提供。韩维栋等人于 2000 年用专家评估法的研究结果显示：平均宽 100 m，长 1 000 m 的红树林海岸线可提供约 80 000 元的台风灾害防护效益。考虑到 2000 年至今存在巨大的通货膨胀，计算得出 2000 年到 2011 年通货膨胀累积已达约 30%。所以当前同样面积红树林海岸线可提供的台风灾害防护效益约为 104 000

元。因此，当前红树林防洪稳定岸线的价值为 1.04 元/(m² · a)。在计算海洋防洪、稳定岸线服务的价值时，主要考虑该海域是否存在稳定的红树林生态系统，如果有红树林，则防洪、防潮及稳定岸线的价值为 1.04 元/(m² · a)；如果是沙滩、泥滩，取红树林稳定岸线价值的 40%，即 0.42 元/(m² · a)；其他海域防洪、稳定岸线的价值取 0。石虎山 – 高崎海岸带和高埔海岸带本类服务的价值均为 1.04 元/(m² · a)，西海域其他本类服务价值为 0。

三、养分调节服务价值损失

海洋生态系统提供的养分调节服务价值主要通过计算海洋接纳来自陆地营养盐而节约的污水处理成本。福建省海洋开发管理领导小组办公室和近海海洋环境科学国家重点实验室 2006 年的研究成果表明西海域、河口海域、同安湾、东部海域、南部海域、大嶝海域的总氮总磷量依次为：7 980 t、358 t；29 900 t、1 977 t；10 638 t、858 t；448 t、27 t；931 t、218 t；167 t、40 t。共计总氮 50 064 t，总磷 3 498 t。根据国务院第一次全国污染源普查领导小组办公室《城镇生活源产排污系数手册》，厦门市生活污水总氮总磷的浓度大约为 75.14 mg/L 和 6.27 mg/L。计算得出厦门海域接纳的含氮、磷污水的总量为 6.663×10^8 m³。

污水处理厂可以在现有设备的基础上对氮、磷进行二级处理，根据厦门污水处理厂提供的数据，含氮、磷污水平均去除成本是 0.80 元/m³ 左右。计算得出厦门海域节约的处理氮和磷的成本为 1.37 元/(m² · a)，故石虎山 – 高崎海岸带、西海域其他和高埔海岸带养分调节服务的价值为 1.37 元/(m² · a)。

四、污染处理与控制服务价值损失

海洋污染物主要包括化学需氧量（COD）、氮、磷等，由于在养分调节服务中已经计算了氮、磷容量的价值，为避免重复，这里主要估算厦门海域 COD 环境容量的价值。国家海洋局第三海洋研究所的研究数据（1995）表明，厦门西海域 COD 容量为 17 520 t/a，海域水容量为 2.52×10^8 m³，COD 去除成本为 4 300 元/t。将厦门平均潮高 2 m 作为水体厚度。计算得出西海域环境容量价值为 0.60 元/（$m^2 \cdot a$），以此作为石虎山 – 高崎海岸带、西海域其他和高埔海岸带养分调节服务的价值。

五、繁殖与栖息地服务损失

Tait R V（1998）的研究表明，近岸海域生态系统 10% 的初级生产力会转化到软体动物类群中；卢振彬等人（2004）通过研究发现，软体动物混合含碳率为 8.33%，各类软体组织与其外壳的平均质量比为 1∶5.52。根据厦门海洋与渔业局和厦门水产学会的调查，贝类产品平均市场价格为 16 元/kg，销售利润率为 25%，可以计算出杏林大桥经过海域繁殖与栖息地服务的价值。石虎山 – 高崎海岸带和高埔海岸带本类服务的价值均为 2.01 元/（$m^2 \cdot a$），西海域其他本类服务价值为 1.48 元/（$m^2 \cdot a$）。

六、渔业资源价值损失

渔业资源的价值以厦门市海域海洋捕捞的利润作为计算依据。厦门市海洋与渔业局（2004）调研报告表明，每个捕捞作业的平均收入为 4.65 万元/（艘·a），平均生产费用为 3 万元/（艘·a），因此每艘渔船的平均利润为 1.65 万元/（艘·a）。根据各海域所拥有的渔船数量以及各海域海洋捕捞的单位面积，可以计算得出厦门市海域海洋捕捞的平均利润为 0.16 元/（$m^2 \cdot a$），以此作为杏林大桥经过海域的渔业资源价值。石虎山 – 高崎海岸带、西海域其他和高埔海岸带本类服务的价值均为 0.16 元/（$m^2 \cdot a$）。

七、生物多样性的价值损失

厦门大学环境与生态学院（2009）对厦门市珍稀物种保护区支付意愿调查结果表明，中华白海豚、文昌鱼及白鹭的总价值分别为 2.629 亿元/a、1.937 亿元/a、2.219 亿元/a；保护中华白海豚、文昌鱼及白鹭的人均支付意愿分别为 109 元/（人·a）、80 元/（人·a）、92 元/（人·a）。该研究同时还调查了厦门各海域对野生珍稀物种保护的重要程度，具体结果见表 8-2、表 8-3 和表 8-4。

表 8－2　不同海区对中华白海豚重要性程度

	核心区	外围保护地带					
	西港海域	同安湾口	九龙江河口	西南海域	东部海域	同安湾	大嶝海域
重要性程度	0.179	0.166	0.145	0.128	0.125	0.137	0.120
一致性检验	$\chi^2 = 9.24$，在显著性水平 0.05 上不一致，在 0.1 上基本一致						

表 8－3　不同海区对文昌鱼重要性程度

	核心区			实验区	缓冲区	其他海域	
	前埔—黄厝海区	南线—十八线海区	小嶝岛—角屿岛海区	鳄鱼屿海区	前埔至白石头	东部海域	大嶝海域
重要性程度	0.184	0.179	0.157	0.116	0.125	0.122	0.118
一致性检验	$\chi^2 = 29.89$，在显著性水平 0.05 上一致						

表 8－4　不同海区对白鹭重要性程度

	核心区		其他海域		
	大屿岛陆域和滩涂	鸡屿岛陆域和滩涂	西港海域	九龙江河口	同安湾
重要性程度	0.260	0.253	0.157	0.196	0.134
一致性检验	$\chi^2 = 32.65$，在显著性水平 0.05 上一致				

　　将厦门海洋濒危物种价值及不同海域对各濒危物种保护的重要程度代入模型，计算出石虎山－高崎海岸带、西海域其他和高埔海岸带生物多样性的价值为 2.07 元/（m² · a）。

八、休闲娱乐的价值损失

　　海域的休闲娱乐价值分为沙滩的价值、海域水质达到划船水质的价值和海域水质达到钓鱼水质的价值三种类型。杏林大桥经过海域没有沙滩，水质呈富营养化状态无法游泳，只能满足钓鱼需求，故取钓鱼水质价值作为杏林大桥经过海域的休闲娱乐价值。彭本荣等人（2004）通过支付意愿调查法的研究表明，厦门市民对沙滩的人均支付意愿为 86 元/年，对海域水质达到划船水质的人均支付意愿为 58.65 元/年，对海域水质达到钓鱼水质的人均支付意愿为 60 元/年。结合厦门人口数量以及沙滩、海域的面积，计算得出厦门海域单位面积沙滩的价值为 4.8 元/年，单位面积海域划船水质的价值为 0.42 元/年，单位面积海域钓鱼水质的价值为 0.43 元/年。根据以上数据结合杏林大桥经过海域休闲娱乐资源的状况，可以得到石虎山 - 高崎海岸带、西海域其他和高埔海岸带休闲娱乐服务的价值均为 0.43 元/(m^2·a)。

九、景观服务的价值损失

洪华生等人的研究表明，厦门市民对厦门海域景观的支付意愿为 94.95 元/(m^2·a)。厦门常住人口 242 万人，得到景观服务的总价值为 22 977.90 万元。结合厦门海域面积，可计算得出单位面积海域景观服务的价值为 0.91 元/(m^2·a)，以此作为石虎山 - 高崎海岸带、西海域其他和高埔海岸带景观服务的价值。

十、科学研究教育服务的价值损失

海洋的科研价值是指海洋提供科研的场所和材料的功能。参考 Costanza 等人的 1997 年研究成果，单位面积海域的科研文化功能价值取 62 美元/(hm^2·a)，以 2011 年人民币对美元的平均汇率换算即为 0.05 元/(m^2·a)。因此，石虎山 - 高崎海岸带、西海域其他和高埔海岸带的科学研究教育服务的价值为 0.05 元/(m^2·a)。

十一、厦门跨海大桥工程生态系统服务价值总和

通过计算得出的杏林大桥经过的石虎山 - 高崎海岸带和高埔海岸带生态系统服务总价值均为 8.92 元/(m^2·a)，西海域其他生态系统服务总价值为 7.13 元/(m^2·a)，具体评估结果见表 8 - 5。

表 8 - 5　杏林大桥影响海域生态系统服务的价值　　单位：元/(m² · a)

生态系统服务	石湖山 - 高崎海岸带	高浦海岸带	西海域其他
气候调节/维持空气质量	0.28	0.28	0.06
防洪/稳定岸线	1.04	1.04	0
养分调节	1.37	1.37	1.37
污染处理与控制	0.6	0.6	0.6
繁殖与栖息地	2.01	2.01	1.48
渔业资源	0.16	0.16	0.16
生物多样性服务	2.07	2.07	2.07
休闲娱乐	0.43	0.43	0.43
景观服务	0.91	0.91	0.91
科学研究和教育	0.05	0.05	0.05
合　计	8.92	8.92	7.13

十二、厦门跨海大桥工程生态系统服务损害程度

通过专家问卷调查法进行海域利用方式对各种生态系统服务损害程度的研究。为了真实反映海洋工程对生态系统服务的损害程度，本次调查对象为对工程区域海洋环境很熟悉的 32 位专家。这些专家的专业包括海洋环境、海洋生态、海洋经济、海洋工程、海洋法律和海洋管理等。为了减少统计的方差，在第一轮调查结束后，将统计分析和一致性检验统计结果反馈给专家，进行了第二次调查。第二次调查即通过了一致性检验。依据各专家对不同海域利用方式和不同生态系统服务损害程度的打分，综合得出不同海域利用方式对不同生态系统服务损害程度（表 8 - 6）。

表 8-6 人类活动对厦门海洋生态系统损害程度

用海方式	气候调节/维持空气质量	防洪/稳定岸线	养分调节	污染处理及控制	繁殖与栖息地	渔业资源	生物多样性	休闲娱乐	景观服务	科学研究和教育
填海造地	1.00	1.00	1.00	1.00	1.00	1.00	1.00	1.00	1.00	1.00
围海养殖	0.00	0.08	0.05	0.25	0.08	0.05	0.08	0.15	0.12	0.08
开放式养殖	0.00	0.00	0.00	0.20	0.08	0.03	0.08	0.12	0.05	0.03
非透水结构物	0.35	0.24	0.53	0.52	0.61	0.53	0.53	0.30	0.25	0.19
跨海桥梁	0.00	0.09	0.00	0.00	0.25	0.22	0.35	0.12	0.08	0.16
透水构筑物	0.09	0.09	0.00	0.28	0.24	0.39	0.16	0.12	0.16	
港池/锚地/泊位	0.00	0.18	0.00	0.00	0.53	0.53	0.44	0.26	0.09	0.25
航道	0.00	0.00	0.00	0.00	0.41	0.40	0.34	0.26	0.09	0.16
浴场、游乐场	0.06	0.00	0.10	0.26	0.41	0.35	0.20	0.00	0.00	0.00
海底管线	0.00	0.00	0.00	0.00	0.08	0.05	0.18	0.05	0.00	0.10
矿产开采	0.12	0.37	0.25	0.41	0.75	0.65	0.53	0.53	0.53	0.35
取、排水口	0.13	0.13	0.26	0.33	0.46	0.23	0.26	0.15	0.00	0.12
污水达标排放	0.00	0.00	0.00	0.00	0.36	0.38	0.32	0.00	0.00	0.20
海洋倾废	0.18	0.00	0.00	0.00	0.63	0.54	0.49	0.53	0.00	0.30
临时施工	0.12	0.12	0.14	0.24	0.31	0.30	0.25	0.35	0.34	0.23

注：损害程度 0~1，数值越大，代表损害程度越高。0 代表完全无损害，1 代表完全损害。（Rao et al. , 2014）

第四节 厦门杏林跨海大桥工程的生态补偿标准确定

跨海桥梁涉及两种用海方式：临时施工用海和桥梁建成后的跨海桥梁用海。这样跨海桥梁生态损害补偿标准可以用公式（8-1）来估算。

$$ED = \sum_{i=1}^{i=I} \sum_{k=1}^{k=K} \sum_{j=1}^{j=J} v_{ij} d_{kj} s_{ik} \qquad (8-1)$$

其中，其中，i（ $=1$，2，3，$\cdots$，I）为影响海域的代码；j（ $=1$，2，3，$\cdots$，J）为跨海桥梁影响的生态系统服务类型的代码；k（ $=1$，2，3，$\cdots$，K）为海洋工程不同用海方式的代码；v_{ij} 为单位面积 i 海域第 j 种生态系统服务的价值；d_{ki} 为在 k 海域利用方式对 j 种生态系统服务的损害程度。s_{ik} 为 k 用海方式影响海域面积；ED 跨海桥梁生态损害的价值（即生态损害补偿标准）。对于长期固定存在的海洋工程，如跨海桥梁，一般采用一次性征收生态补偿费的办法。一次性征收生态损害补偿标准的计算公式为

$$ED^{LS} = ED \frac{(1+r)^n - 1}{(1+r)^n r} \qquad (8-2)$$

对于那些永久性损害海洋生态系统的用海方式（如填海造地），其生态损害补偿可以通过以下模型进行估算：

$$ED^{PL} = ED/r \qquad (8-3)$$

其中 r 为社会贴现率。关于社会贴现率的值在学术界和管理界还没有统一的意见。本报告分别计算了 4% 和 2% 两种贴现率的补偿标准。n 为海洋工程使用年限。跨海桥梁用海的最高年限为 50 年。因为杏林大桥施工期为 5 年，临时施工用海年限取 5 年。

杏林大桥生态损害补偿标准估算结果见表 8 - 7。可以发现，大桥建设期和营运期单位面积用海生态损害的价值分别为 6. 15 元/（$m^2 \cdot a$）和 4. 24 元/（$m^2 \cdot a$）。大桥建设期与营运期年生态损害补偿的标准分别为 71. 38 万元/a 和 44. 62 万元/a 的价值要大。

采用 2% 和 4% 的贴现率，杏林大桥生态损害补偿标准分别为 1 739 万元和 1 276 万元。由于海洋生态系统提供的服务分布时间较长，这些环境效益是下一代甚至今后好几代人的利益。使用较低的社会贴现率更能体现下一代人的利益。所以在估算生态损害补偿标准时应该采用较低的社会贴现率。

表 8-7　杏林大桥生态损害补偿标准

影响海域	单位面积生态损害价值/[元/(m²·a)]		年补偿标准/(万元/a)		一次性补偿标准/(万元/a)			
					贴现率2%		贴现率4%	
	营运期	施工期	营运期	施工期	营运期*	施工期**	营运期	施工期
石湖山-高崎海岸带	1.49	2.15	8.73	13.90	274	66	188	62
高浦海岸带	1.49	2.15	4.11	6.54	129	31	88	29
西海域其他	1.26	1.84	31.79	50.94	999	240	683	227
小计	4.24	6.15	44.62	71.38	1 402	336	959	317
合计					1 739		1 276	

＊用海年限为50年；＊＊用海年限取5年。

第九章 海南文昌人工岛工程生态补偿示范应用

第一节 海南文昌人工岛工程概况

海南文昌人工岛工程包括南海人工岛工程和东郊椰林人工岛工程（图 9-1）。

南海人工岛位于文昌市文城镇南海村东侧 100~300 m 海域，其外形似珊瑚，有多个分支结构以尽可能延长背海侧临海岸线的长度。人工岛离岸最近距离约为 108 m，成西北东南走向，南北两侧通过两座栈桥与大陆相连。人工岛回填后主要用于修建高档度假酒店群和别墅型度假酒店区，集商务会议与滨海休闲娱乐于一体。背海侧人工岸线形成多个小湾型区域，分别设有嬉水区和游船停靠区。项目建成后将有助于推进文昌清澜地区旅游度假产业的发展，衔接现有的高隆湾和冯家湾度假旅游区，使文昌东南旅游岸线资源得到充分利用，同时有利于保护当地日益受到侵蚀的岸线。

海南文昌东郊椰林人工岛工程位于文昌市清澜镇潮汐通道入海口东侧，即东郊椰林湾，文昌百莱玛度假村南侧约 330 m 海域。人工岛成西北—东南走向，由西北侧的岛堤路和栈桥与大陆相连。人工岛建成后主要用于修建旅游度假酒店区和海洋博物馆。人工岛的建设能使被侵蚀的海岸得到部分恢复，抑制椰林湾受到进一步的海岸侵蚀，还可拦截邦塘湾岸线被侵蚀输移至此的泥沙，减少清澜港港池和航道的泥沙淤积，同时工程后落潮流速加大，增强对航道的冲刷，有利于航道的稳定。

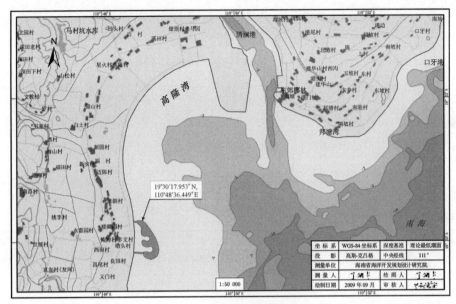

(a) 南海人工岛工程

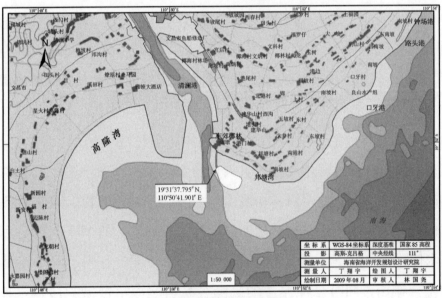

(b) 东郊椰林人工岛工程

图 9 - 1　海南文昌人工岛工程地理位置

　　两个人工岛项目的用海类型与方式、占用海域面积等详细资料见表 9 - 1。

表 9 - 1　人工岛项目的详细情况

工程	南海人工岛		东郊椰林人工岛		
	人工岛	栈桥	人工岛	岛堤路	栈桥
用海方式	填海	透水构筑物用海	填海	非透水构筑物用海	透水构筑物用海
围填面积/hm²	23.33	—	22.6	—	—
人工岛护岸长度/m	3 302	2 000			
岛堤路与栈桥长度/m	—	383	—	142	310
占用海域面积/hm²	26.44	1.35	25.15	0.44	1.09
占用岸线/m	74	45			

第二节　海南文昌人工岛工程生态系统服务损害判定识别与因果关系

一、人工岛填海工程在建设阶段的主要生态损害

（1）施工期悬浮泥沙对海水水质和生物生境造成一定的影响。人工岛在填料疏浚及回填溢流过程中均会产生大量的悬浮泥沙。悬浮泥沙的增多，削弱了水体的真光层厚度，使得海洋初级生产力降低，浮游植物生物量下降，进而造成其他营养级生物由于饵料贫乏而导致种类与资源量的下降。悬浮泥沙的增加造成水体浑浊，海草可利用光降低，且部分悬浮泥沙黏附于海草表面，影响海草的光合作用，同时悬浮泥沙的沉降容易引起海草被淤积覆盖。2009 年、2012 年及 2014 年航次的调查数据显示，项目区域海草的密度和生物量均呈现下降趋势，人工岛附近海草分布零星或几无海草分布，远离人工岛的海草呈零星或斑块分布。海草床的破坏，导致栖息于其中的海洋生物减少，生物多样性降低，海草床提供的生态系统服务水平随之下降。

悬浮泥沙不仅对海草床生态系统造成影响，同时还对珊瑚礁生态系统造成了破坏。2010 年，南海村区域珊瑚覆盖率在 15% 左右。而在 2012 年跟踪调查

时，发现该区域能见度极低，不足 10 cm，礁区被厚厚的淤泥所覆盖，海水散发着一股恶臭，未见活珊瑚，珊瑚覆盖率为 0%。2014 年调查时，发现该区域珊瑚覆盖率有少量提高，达到 2.73%，珊瑚补充量达到 0.2 ind/m³。东郊椰林区域 2009 年造礁珊瑚覆盖率为 36% 左右，2012 年覆盖率降为 17%，2014 年覆盖率仅有 6.1%，原有珊瑚礁上被大型藻类覆盖。施工结束后，悬浮泥沙淤积使得大型藻类占据优势，造成珊瑚补充量较低，珊瑚恢复缓慢。

（2）围堰及施工便道的建设改变海域水动力条件，对生态系统造成一定的影响。工程建设使得人工岛向陆一侧水动力条件变差，污染物排入其中后不易扩散，水质逐渐恶化。水动力条件的改变引起人工岛附近岸线的变化，人工岛波影区岸线发生淤积，而附近岸段出现侵蚀现象。东郊椰林人工岛波影区岸线出现强烈淤积，最大淤积幅度达到 160 m 左右，淤积岸线的长度达到 1.02 km；而淤积岸段的东南侧岬角出现强烈侵蚀，最大侵蚀幅度达到 80 m 左右，侵蚀岸段的长度约为 0.45 km。人工岛波影区岸线的淤积，造成人工岛与大陆岸线之间的水道不断缩窄，人工岛将成为陆连岛。

水质恶化及岸线的变化导致工程附近海域海洋生物的种类和生物量发生变化，影响食物链与食物网的结构与组成，进而影响生态系统服务的供给。从监测数据来看，施工前浮游植物优势种为硅藻门的楔形藻（*Licmophora* spp.）和脆杆藻（*Fragilaria* sp.）等，而施工过程中浮游植物优势种以拟旋链角毛藻和热带骨条藻占主导优势，二者均属常见赤潮种类；潮间带生物由施工前的以沙蟹和寄居蟹为主转变为以软体动物虫昌螺和楔形斧蛤为主；底栖生物平均多样性指数由施工前的 2.33 降至 1.23。

（3）施工船舶含油污水直接排入海域，影响水质和沉积物质量，继而对生物生境造成破坏。水质监测数据表明，施工过程中水质和沉积物中的有机质和石油类有明显的上升。水质中的化学需氧量由施工前的 0.5 ~ 1.0 mg/L 升至 2.72 mg/L，沉积物中的石油类由施工前（2009 年）的 (7.3 ~ 156.9) × 10⁻⁶ 增加到 575.98 × 10⁻⁶，超出所在海域执行的一类沉积物标准。

（4）吹填作业不仅破坏被填海域的底栖生物生境，还破坏采砂处的底栖生物生境，对底层生物的繁殖与栖息地带来破坏，并且直接对底层生物造成损伤。

二、人工岛在运营阶段对海洋生态系统的主要损害

（1）对水质影响。人工岛回填后主要用于修建高档度假酒店群和别墅型度假酒店区，因此营运期对水质影响主要来自4个因素。

①生活污水。人工岛度假村建成后将承接各类休闲度假和商务会议，游客及工作人员每天将产生大量的生活污水，生活污水排入海域，将对海域水质造成影响。

②雨水径流。人工岛区虽然有规划绿地，但是硬化地面也多，且所在地夏季多暴雨。雨水来不及从绿地渗透，而是在硬化地面形成径流，携带地面的灰尘、生活垃圾、油污等污染物进入海域，影响海域水质。

③游艇区产生的含油废水。度假村设海上休闲运动区，届时往来的船舶会相应增加，船舶航行过程中会有一定量的含油废水排入海域，影响海域水质。

④人工岛影响海洋水动力，对水质造成影响。

人工岛对海洋水动力的影响从施工期开始便持续存在，对海洋水文动力环境产生一定影响，并影响附近海域的冲淤格局。对水交换能力的影响会导致泥沙淤积增加以及污染物扩散能力的降低，影响海域水环境。

（2）对沉积环境的影响。生活污水、雨水以及含油废水中的悬浮物和油类排入海域，尽管含量很小，当长时间累积会对沉积环境造成一定影响。

（3）对生态环境的影响。游客将在人工岛附近海域进行游泳、划船、赛艇以及浮潜等海洋休闲运动。这些活动产生的噪声、水流的扰动将会对海洋生物的栖息环境造成一定的影响；

（4）对生态系统的影响。人工岛建成后影响海洋水动力，对人工岛周围的生态系统造成一定程度的损害。

人工岛在建设期和运营期都对周边海域的水质、沉积物环境、海洋生物以及生物栖息地造成一定程度的损害。具体识别出来的影响见表9-2。

表9-2　人工岛围填海工程生态损害识别

损害日期	损害源	环境与生境			
		水质	沉积物环境	海洋生物	海洋生境
建设期	悬浮泥沙	●	●	●	●
	含油污水	●	●	●	●
	施工场地废水	●	●	●	●
	施工期生活污水	●	●	●	●
	施工噪音			●	
	淤泥的清理	●	●	●	●
	桥墩的建设	●	●	●	●
运营期	生活污水	●	●	●	●
	桥面雨水	●	●	●	●
	固体废弃物、液体污染物	●	●	●	●
	有毒有害物品运输	●	●	●	●
	运营噪音			●	
	构筑物存在	●	●	●	●

注:"●"代表环境受到损害。

第三节　海南文昌人工岛工程生态系统服务损害价值评估

一、气候调节与维持空气质量服务价值损失

2009年5月航次对高隆湾的海草床进行调查,结果显示项目所在海域的平均海草生物量为253.64 g/m²,根据Duarte和Chiscano(1999)对于海草床地上生物量、地下生物量与初级生产力关系的研究,将海草生物量折算为初级生产力为243.28 mg/(m²·d)(以C计)。2009年5月航次调查结果显示,项目所在海域叶绿素a平均值为0.83 mg/m³。根据李宝华等(1998)对叶绿素a与初级生产力的相关性研究,将叶绿素a转换为海域初级生产力,即280.49 mg/(m²·d)(以C计)。由于所调查站位均位于珊瑚礁分布区域,故此数值

可看成该海域珊瑚礁生态系统的初级生产力。

通过对氧气制造厂成本调查发现，氧气制造的平均成本为 0.8 元/Nm^3。每吨氧气相当于 700 Nm^3。因此，氧气的制造成本为 560 元/t。

目前的研究中一般利用国际上通用的碳税率标准或者碳交易市场的成交价格作为固定 CO_2 的成本。本研究取各国碳税税率的平均值，42.46 美元/t 作为固定 CO_2 的成本，经汇率换算为人民币 270 元/t。

二、干扰调节服务价值损失

海草床、珊瑚礁生态系统均可提供减浪消灾、稳定岸线的服务。海草床地上部分可以削减来自水流和波浪的能量，地下部分可以稳定沉积物，从而防止海岸受到侵蚀。从高隆湾到冯家湾分布有海草床的海岸长度约 25 km，海草床分布面积 30.57 km^2，王萱（2011）通过调研获得平均每千米堤坝的建设与维护成本约为 8 万元/a，采用替代成本法，通过计算可得海草床海岸保护价值约为 0.06 元/（$m^2 \cdot a$）。珊瑚礁突起带能够削减约 80% 的波浪冲击力量，为海草、红树林以及人类提供安全的生态环境。根据 Burke 等（2002）的研究，靠近海岸或离海岸小于 4 km 的珊瑚礁海岸保护价值约为 0.88 元/（$m^2 \cdot a$）。

三、养分调节服务价值损失

海洋生态系统提供的养分调节服务的价值主要通过计算海洋接纳来自陆地营养盐而节约的污水处理成本。海草可以吸收来自海水中的营养盐，从而降低海水中营养盐的浓度。根据 Fourourean 和 Zieman（2002）关于海草中 N、P 营养物的含量研究，N、P 占海草干物质量的平均值分别为 1.82% 和 0.113%。项目所在海域的平均海草生物量为 253.64 g/m^2，经折算，1 m^2 海草床吸收的 N、P 分别为 4.62 g 和 0.29 g。通过调查海南省文昌市清澜污水处理厂污水处理成本可知，N、P 的去除成本分别为 1.69 万元/t 和 8.44 万元/t。

四、废物处理服务价值损失

海草床对水质的净化功能主要体现为在降解 COD 和吸收无机营养盐。由于在养分调节服务中已经计算了 N、P 容量的价值，为避免重复，这里主要估算海草床降解 COD 的价值。Beaumont 等（2008）在对英国海洋生物多样性保护的经济价值研究中指出，湿地对海水中污染物的生物降解价值（以 9% 的贴现率计算 30 年价值的现值）为 1 096.8 ~ 1 236.5 英镑/英亩①，平均值为 1 166.65 英镑/英亩，通过年金计算公式，年均值约折合成人民币约 0.27 元/（m^2·a）。

五、繁殖与栖息地服务价值损失

海草床可为商业性鱼类及贝类提供避难和育幼的场所（Murphy 等，2000），而珊瑚礁不仅为商业性鱼类及贝类提供繁殖和索饵的场所，同时也为可食用的大型藻类（如总状厥藻、麒麟菜等）和高经济价值的无脊椎动物（如海胆、海参等）提供三维生境（王道儒等，2013）。商业性鱼类的价值在渔业资源中已有体现，为避免重复计算，海草床繁殖与栖息地服务主要计算贝类的价值，而珊瑚礁则计算贝类及海参的价值。

海草床区夏、秋两季调查到的大型底栖生物平均生物量为 160.09 g/m^2，珊瑚礁区的大型底栖生物中贝类（软体与甲壳类）平均生物量为 144.94 g/m^2，海参（糙海参）平均生物量为 3.88 g/m^2；根据课题组 2012 年在南海村和清澜港鱼市场的调查，贝类产品平均市场价格约为 16 元/kg，据《海南日报》报道，糙海参平均市场价格约为 200 元/kg。

六、生物多样性维持服务价值损失

海草床与珊瑚礁不仅为商业性海洋物种提供栖息与繁殖的场所，同时也为野生珍稀物种提供生境，在维持地球生物多样性方面发挥重要作用。人工岛所在海域的海草床主要为湿地鸟类提供觅食场所，其中主要的珍稀物种有大白鹭、小白鹭和斑嘴鸭。高隆湾海草床湿地面积为 30.57 km^2，根据湿地国际组织（Wetland International）关于湿地提供重要物种栖息地功能级别划分标准及生态效益（表 6 - 5）可知，海草床的级别应处于 2 级与 3 级之间，其设施与机构控制成本

---

① 英亩为非法定计量单位，1 英亩≈4 047 平方米。

约为 $1.0 \times 10^6 \sim 1.0 \times 10^7$ 美元/a，按面积比例折算约为 3.06×10^6 美元/a，折合人民币约 1.89×10^7 元/a，可看成高隆湾海草床在维持生物多样性方面的价值为 1.89×10^7 元/a，即海草床维持生物多样性价值为 0.62 元/（$m^2 \cdot a$）。

珊瑚礁在所有海洋生态系统中最富生物多样性，海南岛周边珊瑚礁对于全球海洋生物多样性的维持具有重要意义。课题组成员于 2012 年 9 月通过支付意愿调查法获得三亚珊瑚礁生物多样性总价值为 7 053.26 万元/a，三亚珊瑚礁总面积为 14.4 km^2，折合单位面积珊瑚礁生物多样性价值为 4.90 元/（$m^2 \cdot a$）。由于支付意愿与收入存在显著的相关性，三亚市与文昌市 2012 年人均 GDP 分别为 45 839.68 万元和 29 229.81 万元，因此，文昌市单位面积珊瑚礁生物多样性价值为 3.12 元/（$m^2 \cdot a$）。

七、渔产品供给服务价值损失

海草床和珊瑚礁为具有商业价值的鱼类提供食物来源及繁殖的场所，是重要的渔产区。人工岛所处海域为海草床 – 珊瑚礁复合生态系统，二者对于商业性鱼类的繁殖与生长发挥了同样重要的作用。游泳生物调查结果显示，该海域优势种为后肛下银汉鱼、异叶小公鱼和裘氏小沙丁鱼，平均质量资源密度为 7 004.78 kg/km^2；根据课题组 2012 年在南海村和清澜港鱼市场的调查，近海捕捞渔产品平均市场价格约为 28 元/kg。

八、休闲娱乐服务价值损失

珊瑚礁以色彩斑斓、形态各异的珊瑚和栖息于其中的各类珍奇海洋生物吸引着来自世界各地的游客。课题组于 2012 年 9 月采用旅行费用法（Travel Cost Method，TCM）调查三亚珊瑚礁的休闲娱乐服务总价值约为 17 106.51 万元，三亚珊瑚礁总面积为 14.4 km^2，折合单位面积珊瑚礁休闲娱乐价值为 11.88 元/（$m^2 \cdot a$）。由于休闲娱乐价值与地区游览率相关性最大，因此，珊瑚礁休闲娱乐价值可以通过到该地区的旅游人数进行调整。根据《海南省统计年鉴（2013）》，2012 年三亚市和文昌接待过夜游客人数分别为 1 100.38 万人次和

125.53 万人次，故文昌市珊瑚礁休闲娱乐价值为 1.36 元/（$m^2 \cdot a$）。

九、科研教育服务价值损失

海洋的科研价值是指海洋提供科研的场所和材料的功能。参考 Costanza 等人的 1997 年研究成果，单位面积海域的科研文化功能价值取 62 美元/（$hm^2 \cdot a$），以 2011 年人民币对美元的平均汇率换算即为 0.05 元/（$m^2 \cdot a$）。

表 9-3　海南文昌人工岛工程生态系统服务损害价值评估的主要数据来源

生态系统服务功能类型	海草床生态系统	珊瑚礁生态系统
气候调节	C_{CO_2} = 270 元/t（EU，2010）； C_{O_2} = 560 元/t（企业调查所得）； X = 243.28 mg/（$m^2 \cdot d$）（以 C 计）（航次调查结果；Duarte and Chiscano，1999）	C_{CO_2} = 270 元/t（EU，2010）； C_{O_2} = 560 元/t（企业调查所得） X = 243.28 mg/（$m^2 \cdot d$）（以 C 计）（航次调查结果；李宝华等，1998）
废物处理	D_w = 0.27 元/（$m^2 \cdot a$）（Beaumont 等，2008）	
繁殖与栖息地维持	P_S = 16 元/kg（课题组市场调查）； P_t = 200 元/kg（课题组市场调查）； L_s = 160.09 g/m^2（航次调查结果）	P_s = 16 元/kg（课题组市场调查）； P_t = 200 元/kg（课题组市场调查）； L_s = 144.94 g/m^2（航次调查结果）； L_s = 3.88 g/m^2（航次调查结果）
生物多样性维持	P_{dv} = 0.62 元/（$m^2 \cdot a$）（WI，1999；王道儒等，2013）	P_{dv} = 3.12 元/（$m^2 \cdot a$）（课题组问卷调查）
渔产品供给	R_f = 7 004.78 kg/km^2（航次调查结果）； P_f = 28 元/kg（课题组市场调查）	R_f = 7 004.78 kg/km^2（航次调查结果）； P_f = 28 元/kg（课题组市场调查）
防洪及稳定岸线	Cd = 8 万元/a（王萱，2011）； L_{sg} = 25 km； S_{sg} = 30.57 km^2	P_{dv} = 0.88 元/（$m^2 \cdot a$）（Burke，2002）
养分调节	M_N = 4.62 g/（$m^2 \cdot a$）（航次调查结果；Fourourean and Zieman，2002） M_P = 0.29 g/（$m^2 \cdot a$）	
休闲娱乐		P_e = 1.36 元/（$m^2 \cdot a$）（课题组问卷调查；海南省统计年鉴，2013）
科研文化	为 = 0.05 元/（$m^2 \cdot a$）（Costanza et al.，1997）	为 = 0.05 元/（$m^2 \cdot a$）（Costanza et al.，1997）

表 9 - 4 人工岛影响海域生态系统服务的价值 单位：元/（m² · a）

生态系统服务	海草床生态系统	珊瑚礁生态系统
维持空气质量	0.60	0.07
防洪/稳定岸线	0.06	0.88
养分调节	0.10	—
污染处理与控制	0.27	—
繁殖与栖息地	2.56	3.11
渔业资源	0.20	0.20
生物多样性服务	0.62	3.12
休闲娱乐	—	1.36
科学研究和教育	0.05	0.05
合计	4.46	8.79

采用专家评估的方法来估算各种人工岛建设过程中相关用海活动对生态系统服务的损害程度。本研究通过专家问卷调查法来研究海域利用方式对生态系统各类服务损害程度。为了真实反映海洋工程对生态系统服务的损害程度，本次调查对象为对工程区域海洋环境很熟悉的 31 位专家。这些专家的专业包括海洋环境、海洋生态、海洋经济、海洋工程、海洋法律和海洋管理等。为了减少统计的方差，在第一轮调查结束后，将统计分析和一致性检验统计结果反馈给专家，进行了第二次调查。第二次调查即通过了一致性检验。依据各专家对不同海域利用方式和不同生态系统服务损害程度的打分，综合得出不同海域利用方式对不同生态系统服务损害程度，结果见表 9 - 5。

表9-5　海洋工程对海洋生态系统损害程度

用海方式		支持服务				供给服务		调节服务				文化服务	
		生境栖息地维持	初级生产维持	稳定岸线/防洪	生物多样性维持	渔业资源	海水养殖	气候调节	空气质量调节	营养物质调节	污染处理与控制	休闲娱乐和景观服务	科研与教育
填海造地	填海造地	1.00	1.00	1.00	1.00	1.00	1.00	1.00	1.00	1.00	1.00	1.00	1.00
构筑物用海	非透水构筑物	0.95	0.95	0.74	0.88	0.94	0.94	0.93	0.93	0.93	0.91	0.78	0.88
	跨海桥梁	0.45	0.27	0.27	0.26	0.25	0.26	0.24	0.22	0.21	0.17	0.31	0.18
	海底管线/隧道	0.04	0.00	0.00	0.04	0.08	0.10	0.02	0.02	0.04	0.05	0.02	0.10
	透水构筑物	0.50	0.46	0.30	0.38	0.38	0.70	0.23	0.24	0.22	0.22	0.50	0.45
围海用海	盐业生产	0.78	0.71	0.40	0.48	0.77	0.87	0.35	0.33	0.66	0.67	0.59	0.58
	围海养殖	0.74	0.41	0.32	0.37	0.23	0.00	0.11	0.12	0.39	0.58	0.38	0.18
	开放式养殖	0.12	0.09	0.02	0.21	0.14	0.02	0.04	0.05	0.09	0.21	0.11	0.11
开放式用海	港地/锚地/泊位	0.60	0.37	0.07	0.38	0.39	0.85	0.16	0.18	0.18	0.23	0.31	0.34
	航道	0.60	0.44	0.03	0.46	0.46	0.91	0.16	0.17	0.17	0.17	0.34	0.33
	浴场、海上游乐场	0.60	0.36	0.09	0.39	0.43	0.82	0.16	0.16	0.12	0.37	0.07	0.17
	油气开采	0.81	0.65	0.10	0.65	0.60	0.60	0.51	0.51	0.23	0.41	0.54	0.55
	矿产（海砂等）开采	0.85	0.75	0.34	0.65	0.65	0.76	0.31	0.31	0.30	0.34	0.54	0.44
其他用海	取、排水口	0.48	0.30	0.13	0.30	0.33	0.54	0.19	0.19	0.23	0.43	0.25	0.21
	污水达标排放	0.40	0.25	0.05	0.33	0.35	0.48	0.09	0.09	0.34	0.35	0.32	0.19
	海洋倾废（固体）	0.89	0.66	0.10	0.54	0.77	0.76	0.38	0.37	0.21	0.24	0.80	0.80
	临时施工用海	0.60	0.39	0.22	0.45	0.28	0.29	0.16	0.16	0.24	0.28	0.40	0.21

注：损害程度0~1，数值越大，代表损害程度越高。0代表完全无损害，1代表完全损害。

第四节　海南文昌人工岛工程生态补偿标准确定

一、人工岛工程生态补偿计算模型与依据

人工岛涉及四种用海方式：填海造地、透水构筑物用海（栈桥）、非透水构筑物和临时施工。这样人工岛生态损害补偿标准可以用公式（9-1）来估算。

$$ED = \sum_{i=1}^{i=I} \sum_{k=1}^{k=K} \sum_{j=1}^{j=J} v_{ij} d_{kj} s_{ik} \qquad (9-1)$$

其中，i（$=1，2，3，\cdots，I$）为影响海域的代码；j（$=1，2，3，\cdots，J$）为人工岛影响的生态系统服务类型的代码；k（$=1，2，3，\cdots，K$）为海洋工程不同用海方式的代码；v_{ij} 为单位面积 i 海域第 j 种生态系统服务的价值；d_{ki} 为在 k 海域利用方式对 j 种生态系统服务的损害程度。s_{ik} 为 k 用海方式影响海域面积；ED 人工岛生态损害的价值（即生态损害补偿标准）。

对于长期固定存在的透水构筑物用海（栈桥），一般采用一次性征收生态补偿费的办法。一次性征收生态损害补偿标准的计算公式为

$$ED^{LS} = ED \frac{(1+r)^n - 1}{(1+r)^n r} \qquad (9-2)$$

对于那些永久性损害海洋生态系统的用海方式（如填海造地），其生态损害补偿可以通过以下模型进行估算：

$$ED^{PL} = ED/r \qquad (9-3)$$

其中 r 为社会贴现率。关于社会贴现率的值在学术界和管理界还没有统一的意见。本报告分别计算了 4% 和 2% 两种贴现率的补偿标准。n 为海洋工程使用年限。透水构筑物用海（栈桥）的最高年限为 50 年。因为人工岛施工期为 2 年，临时施工用海年限取 2 年。填海造地由于海域已转换为陆地，按无限期计算。

人工岛工程建设采用围堰吹填作业方式，故在施工期影响海域主要分为填

海造地占用海域和临时施工影响海域，其中填海造地影响的海洋生态系统主要为海草床生态系统，而临时施工影响的包括海草床和珊瑚礁生态系统。由于栈桥在施工期为非透水施工便道，与围堰相同，故将其面积计入填海造地用海。人工岛在运营期的用海方式主要为填海造地和栈桥，影响的海洋生态系统主要为海草床生态系统，具体数据见表9－6。

表9－6　影响海域面积　　　　　　　　单位：hm^2

影响海域		南海人工岛		东郊椰林人工岛	
		海草床生态系统	珊瑚礁生态系统	海草床生态系统	珊瑚礁生态系统
施工期	填海造地	27.79	—	26.68	—
	临时施工	616.60	50.40	7.20	79.30
运营期	填海造地	26.44	—	25.15	—
	透水构筑物（栈桥）	1.35	—	1.09	—
	非透水构筑物（岛堤路）	—	—	0.44	—

二、人工岛工程生态补偿标准

人工岛生态损害补偿标准见表9－7。可见，人工岛施工期比运营期单位面积用海生态损害的价值要大。然而由于施工期比营运期的时间要短得多，所以计算出来的一次性生态损害补偿标准运营期比施工期要高得多。采用2%和4%的贴现率，南海人工岛生态损害补偿标准分别为9 180.19万元和6 176.73万元，东郊椰林人工岛生态损害补偿标准分别为6 635.68万元和3 784.44万元。

由于海洋生态系统提供的服务分布的时间较长，这些环境效益是下一代甚至今后好几代人的利益。使用较低的社会贴现率更能体现下一代人的利益。所以在估算生态损害补偿标准时应该采用较低的社会贴现率。

表9-7　人工岛生态损害补偿标准

项目	影响海洋生态系统	用海类型	单位面积生态损害价值/[元/(m²·a)]		年补偿标准/(万元/a)		一次性补偿标准/(万元/a)			
							贴现率2%		贴现率4%	
			施工期	运营期	施工期	运营期	施工期*	运营期**	施工期	运营期
南海人工岛	海草床生态系统	填海造地	4.46	4.46	123.94	117.92	245.45	5 896	243.11	2 948
		栈桥	—	1.86	—	2.51	—	78.87	—	53.92
		临时施工	2.09	—	1 288.69	—	2 552.11	—	2 527.82	—
	珊瑚礁生态系统	临时施工	4.08	—	205.90	—	407.76	—	403.88	—
	小计		10.63	6.32			3 205.32	5 974.87	3 174.81	3 001.92
	合计					9 180.19	6 176.73			
东郊椰林人工岛	海草床生态系统	填海造地	4.46	4.46	118.99	112.17	235.64	5 608.50	233.40	2 804.25
		栈桥	—	1.86	—	2.03	—	63.79	—	43.61
		岛堤路	—	4.15	—	1.83	—	57.50	—	39.31
		临时施工	2.09	—	14.90	—	29.51	—	29.23	—
	珊瑚礁生态系统	临时施工	4.08	—	323.54	—	640.74	—	634.64	—
	小计		10.63	10.47			905.89	5 729.79	897.27	2 887.17
	合计			6 635.68	3 784.44					

*用海年限为2年;**填海造地用海年限为无限期,栈桥用海年限为50年。

第十章　海洋工程生态补偿管理建议与研究展望

第一节　海洋工程生态补偿管理建议

目前虽然我国已经在流域、矿山开发、森林等领域初步建立了生态补偿的机制，海洋领域的生态损害补偿机制还有待进一步完善。为海洋生态损害补偿赔偿机制的顺利实施，提出如下建议。

一、制定海洋工程生态补偿标准区间

科学确定海洋工程生态补偿标准有利于强化海洋工程生态补偿的激励与遏制作用，可为海洋生境保护和建设提供强有力的政策支持与稳定的资金来源。海洋工程生态补偿标准若定得过高，将直接影响用海者的积极性，加大了补偿政策的实施成本，最终将影响到沿海地区经济与社会的可持续发展；若标准过低，又不能有效调动海洋生态保护与建设者的积极性，达不到有效保护海洋资源与生态环境的目的。

通过一定的确定技术方法核算出的理论补偿值，并非就是实际操作中的补偿标准值，在实践中具体补偿多少，尚需根据不同海洋工程的具体情况，综合考虑补偿客体的需求与补偿主体的收益水平或实际支付能力和意愿，以及补偿海域生态敏感、脆弱性与生态治理、恢复的难易程度等因素，在理论补偿最低与最高值之间，通过双方协商和博弈而最终确定一个相对合理、易于接受的补偿标准值。为此，综合考虑我国海洋生态补偿的现状，针对海洋工程生态补偿

标准，建议设置一个补偿标准区间 $[P_{最低}，P_{最高}]$，以海洋生态保护建设直接成本与机会成本作为补偿标准的最低下限值，以海洋生态系统提供的服务价值损害评估值作为补偿标准的理论上限值，分别约占其养殖平均单位利润的 8% 和 10%，在实际中具有一定的可操作性。

二、尽快开征海洋生态补偿费

针对海洋工程给海岸带生态系统带来的负面影响，建议国家在征收海域使用金的基础上，根据"谁破坏，谁恢复"、"谁利用，谁补偿"、"谁受益，谁付费"的原则，尽快征收海洋生态补偿费，与海域使用金一起，共同调控围海养殖的需求与发展规模，保障海岸带生境资源的可持续利用与经济的可持续发展。

海洋工程生态补偿费是通过对损害海洋资源、生境的行为进行收费，提高其行为成本，从而激励损害行为的主体减少其行为带来的外部不经济性，以达到保护海洋资源和生境的目的。另外，从实际来看，我国海域使用金的征收标准偏低，无法体现出海洋生态环境的真实价值，满足不了海洋生态保护与建设的要求，因此，有必要征收海洋工程生态补偿费。此外，在各地海洋生态补偿实践中，征收海洋工程生态补偿费已被证明是海洋生态补偿的有效措施与手段，具有法理充分、简便易行，又可取之于海、用之于海，同时还能不增加中央及地方财政负担等独特优势。

三、完善海洋生态损害补偿的法律与技术体系

目前一些沿海地方政府已经开始实施海洋生态损害补偿制度，但是国家层面还没有实施海洋生态损害补偿制度的法律依据。建议在总结地方实践的基础上，出台海洋生态损害补偿条例。

对受损海洋生态进行评估，是制定生态修复计划，实现海洋生态损害赔偿的基础。它涉及很多自然科学上的问题，也涉及法律上的因果关系认定问题，因此，必须要有一整套严格的生态损害评估的程序以及科学的生态损失评估方

法。这需要国家组织相关研究机构，尽快出台生态损害评估技术导则，为生态损害补偿制度的实施提供技术支撑。

四、实施海洋工程生态补偿修复

生态修复是国际上实施生态补偿/赔偿的主流模式。由于大规模利用海域的人类活动对海洋环境与资源的损害特别严重，并且人类活动对海洋环境与生态的损害不是线性的关系，到了一定的阈值后，人类活动所损害的海洋生态系统服务的价值将呈指数方式增长而不是线性方式增长。目前的科学水平尚不能对这些指数形式增长的损害进行精确的评估。所以对大规模利用海域活动生态损害的补偿方式应该采用生态修复，即详细评估用海活动对海洋资源、生境及其服务的伤害，据此制定生态修复计划，并要求责任方实施生态修复计划，或者承担生态修复计划的成本。这种基于生态修复的生态损害补偿方式可以最大限度地保证海洋资源与环境的可持续利用。这也是目前国际上通行的生态损害补偿方式。

鉴于此，我们认为用海项目超过以下规模的，应该在制定生态修复计划：

（1）填海造地用海：10 hm^2；

（2）围海用海（包括港池、泊位、盐业、围海养殖等）：50 hm^2；

（3）其他用海：100 hm^2。

第二节　海洋工程生态补偿研究展望

海洋生态补偿政策的战略定位，不应该仅仅是完善海洋环境政策体系或是保护海洋生态环境的有效措施，而应该是落实科学发展观、建立生态文明、构建和谐社会的重要举措。调整区域生态环境保护主体间的环境及经济利益分配关系，协调经济与环境、发展与保护、公平与效率之间的关系，促进区域协调发展，切实解决重要的海洋生态功能区与海洋开发利用区之间的经济利益关系，为保护海洋生态环境的总体战略目标和全面建成小康社会的宏伟目标提供技术服务。

本研究根据海洋工程生态补偿工作的技术需求，对海洋工程生态补偿对象、标准、机制与模式、政策与工具等关键生态补偿技术进行了系统研究，但是由于时间和经费等方面条件的限制，项目不可能对海洋生态补偿所有方面都进行研究。根据海洋工程面临的资源环境问题和社会、经济、政治环境，海洋工程生态补偿研究仍需从以下几个方面进一步深化探讨。

（1）尽快启动海洋资源损害补偿方面的立法研究工作。尽管国家海洋环境保护法等法律规定了要对海洋资源损害进行补偿，但是缺乏具体的操作细则，也没有资源损害方面的实践。我国的社会经济发展和人民福利的改善依赖着海洋资源的安全和完整，所以建议尽快启动这方面的立法研究工作，从法理角度深入探讨保护国家赖以生存和发展的海洋资源的立法依据和思路，依法保障海洋经济社会的可持续发展。

（2）开展海洋资源（生态）修复措施的技术可能性和经济可行性研究。资源（生态）修复是补偿受损海洋资源的主要措施之一，并且这种措施由于其公平、合理、可接受性强并能起到好的保护海洋资源效果，将越来越受到重视。资源修复关键是修复措施的技术可能性和经济可行性。目前国内在这方面的研究较少，这将阻碍生态修复的实施。建议尽快根据我国海洋资源和生态系统的特点，研究出海洋资源修复的措施目录，并对这些措施的可行性进行分析，提出应对各种可能损害的最佳修复方案。

（3）开展简易评估方法的研究。众所周知，海洋资源损害评估是一件耗时久而且成本很高的事，对于小的损害事件逐一专门进行评估是不经济的，因为评估的费用可能比补偿的费用还要高，而简易方法可以很好地解决这一问题。简易评估方法的系数一旦得到，对很多损害事件都适用，成本也较低。在简易评估方法研究中特别要重视计算机模拟模型的研究，模型中可以包括海洋环境、生态系统、物质平衡、食物链以及沙滩等子模型。模型建立起来后，只要输入事件发生的时间、地点、污染物质数量、特点等参数，就可以迅速评估损害数量的大小。当然有人认为简易评估方法比较粗糙，不准确。而事实上，在很多的社会活动实践中已经用了简易方法，如公路收费系统、税收系统、罚款系统等。简易评估方法可以迅速传达一个明确的信号，让行为者在可能发生损害事件时了解即将承担的成本，从而采取必要的预防措施。

参考文献

常杪，邬亮．2005．流域生态补偿机制研究［J］．环境保护，12：60－62．

陈蔚，刘玉龙，杨丽．2010．我国生态补偿分类及实施案例分析［J］．中国水利水电科学研究院报，8
（1）：52－58．

丛澜，徐威．2006．福建省建立流域生态补偿机制的实践与思考［J］．环境保护，10A：29－33．

杜万平．2001．完善西部区域生态补偿机制的建议［J］．中国人口·资源与环境，11（3）：119－120．

丁学刚．1994．生态环境补偿问题探讨［J］．青海环境，4：169－172．

贺林平，林荫．广东六处湿地获生态补偿．http：//society. people. com. cn/GB/17000351. html.

洪尚群，马丕京，郭慧光．2001．生态补偿制度的探索［J］．环境科学与技术，5：40－43．

侯元兆，王琦．1995．中国森林资源核算研究［J］．世界林业研究，3：51－56．

环境科学大辞典编辑委员会．1991．环境科学大辞典［Z］．北京：中国环境科学出版社．

黄选瑞，张玉珍，滕起和，等．2002．环境再生产与森林生态效益补偿［J］．林业科学，38（6）：
164－168．

贾欣．2010．海洋生态补偿机制研究［D］．中国海洋大学博士学位论文．

蒋延玲，周广胜．1999．中国主要森林生态系统公益的评估［J］．植物生态学报，23（5）：426－432．

金波．2010．区域生态补偿机制研究［D］．北京林业大学博士学位论文．

李海清．2006．渤海和濑户内海环境立法的比较研究［J］．海洋环境科学，25（2）：78－83．

李健，王学军，高鹏，等．1996．生态环境补偿费征收对物价水平影响的模型研究［J］．中国环境科学，
16（1）：1－5．

李京梅，刘铁鹰，周罡．2010．我国围填海造地价值补偿现状及对策探讨［J］．海洋开发与管理，
27（7）：12－17．

李慕唐．1987．建议国家对划为生态效益的防护林应予补偿［J］．辽宁林业科技，6：26－29．

李文华，李芬，李世东，等．2006．森林生态效益补偿的研究现状与展望［J］．自然资源学报，21（5）：
677－688．

梁丽娟，葛颜祥，傅奇蕾．2006．流域生态补偿选择性激励机制——从博弈视角的分析［J］．农业科技管
理，25（4）：49－52．

刘丹．2012．渤海溢油事故海洋生态损害赔偿研究［J］．行政与法，3：111－117．

刘家沂．2010．海洋生态损害的国家索赔法律机制与国际溢油案例研究［M］．北京：海洋出版社．

刘霜, 张继民, 唐伟. 2008. 浅议我国填海工程海域使用管理中亟须引入生态补偿机制 [J]. 海洋开发与管理, 8: 34 - 37.

刘卫先. 2008. "塔斯曼海" 轮溢油污染案一审判决引发的思考 [J]. 海洋开发与管理, 5: 62 - 70.

卢昌义. 1991. 发展红树林是减轻台风浪潮灾害的有效对策 [J]. 南京大学学报 (自然科学版) (自然灾害成因与对策专辑), 70 - 75.

陆新元, 汪冬青, 凌云, 等. 1994. 关于我国生态环境补偿收费政策的构想 [J]. 环境科学研究, 7 (1): 61 - 64.

马彩华, 游奎, 高金田. 2008. 濑户内海环境治理对中国的启迪 [J]. 中国海洋大学学报 (社会科学版), 4: 12 - 14.

闵庆文, 甄霖, 杨光梅. 2007. 自然保护区生态补偿研究与实践进展 [J]. 生态与农村环境学报, 1: 81 - 84.

欧阳志云, 王如松, 赵景柱. 1999. 生态系统服务功能及其生态经济价值评价 [J]. 应用生态学报, 10 (5): 635 - 640.

潘玉君, 张谦舵. 2003. 区域生态环境建设补偿问题的初步探讨 [J]. 经济地理, 23 (4): 520 - 523.

彭本荣, 洪华生. 2006. 海岸带生态系统服务价值评估: 理论及应用研究 [M]. 北京: 中国海洋出版社.

彭本荣, 虞杰. 2001. 海洋管理经济刺激手段性质剖析 [J]. 海洋开发与管理, 28 (11): 28 - 30.

钱水苗, 王怀章. 2005. 论流域生态补偿的制度构建 [J]. 中国地质大学学报 (社会科学版), 5 (5): 80 - 84.

钱震元. 1988. 对长江上游防护两年工程建设实行经济补偿建议 [J]. 资源开发与保护, 4: 50.

任勇, 冯东方, 俞海, 等. 2008. 中国生态补偿理论与政策框架设计 [M]. 北京: 中国环境科学出版社.

史建全. 2009. 浅谈渔业资源增殖放流 [J]. 青海科技, 3: 21 - 22.

唐国清. 1995. 关于征收生态环境补偿费问题的探讨 [J]. 上海环境科学, 14 (3): 1 - 4.

王金南, 万军, 张慧远. 2006. 关于我国生态补偿机制与政策的几点认识 [J]. 环境保护, 19: 24 - 28.

王昱, 王荣成. 2008. 我国区域生态补偿机制下的主体功能区划研究 [J]. 东北师大学报 (哲学社会科学版), 4: 17 - 21.

王学军, 李健, 高鹏. 1996. 生态环境补偿费征收的若干问题及实施效果预测研究 [J]. 自然资源学报, 11 (1): 1 - 7.

王耀连. 1997. 海南岛热带天然林生态效益评估与补偿 [J]. 中南林业调查规划, 1: 61 - 64.

吴水荣, 马天乐. 2001. 水源涵养林生态补偿经济分析 [J]. 林业资源管理, 1: 27 - 31.

许晨阳. 2009. 流域生态补偿中的责任界定研究 [D]. 厦门大学硕士学位论文.

徐吟梅. 2009. 福建省渔业增殖放流取得良好实效 [J]. 现代渔业信息, 24 (7): 32.

闫伟．2008．区域生态补偿体系研究［M］．北京：经济科学出版社．

杨宝瑞．2000．海洋岛渔场对虾增殖放流现状及对策［J］．中国水产，1：21.

于广成，张杰东，王波．2006．人工鱼礁在我国开发建设的限制及发展战略［J］．齐鲁渔业，23（1）：38－41.

禹雪中，冯时．2011．中国流域生态补偿标准核算方法分析［J］．中国人口·资源与环境，21（9）：14－19.

张诚谦．1987．论可更新资源的有偿利用［J］．农业现代化研究，5：22－24.

张明亮．2008．连云港海州湾人工鱼礁建设浅论［J］．沿海都市，5：123－126.

张智玲，王华东．1997．矿产资源生态环境补偿收费的理论依据研究［J］．重庆环境科学，19（1）：30－35.

章铮．1995．生态环境补偿费的若干基本问题［C］．见：国家环境保护局自然保护司编．中国生态环境补偿费的理论与实践．北京：中国环境科学出版社，81－87.

郑冬梅．2008．海洋自然保护区生态补偿探析［J］．海洋开发与管理，11：98－102.

郑海霞．2006．中国流域生态系统服务补偿机制与政策研究［D］．中国农业科学院博士后学位论文．

郑征．1988．提高溧史杭灌区及其上游生态效益的探索［J］．农村生态环境，3：43－46.

中国环境与发展国际合作委员会中国生态补偿机制与政策课题组．2007．中国生态补偿机制与政策研究［M］．北京：科学出版社．

中国环境与发展国际合作委员会（国合会）课题组．2010．中国海洋可持续发展的生态环境问题与政策研究［R］．北京．

庄国泰，高鹏，王学军．1995．中国生态环境补偿费的理论与实践［J］．中国环境科学，15（6）：413－418.

庄国泰．2004．经济外部性理论在流域生态保护中的应用［J］．环境经济，6：35－38.

Barr R F, Mourato S. 2009. Investigating the potential for marine resource protection through environmental service markets: An exploratory study from La Paz, Mexico ［J］. Ocean & Coastal Management, 52: 568－577.

Begossi A, May P H, Lopes P F, et al. 2011. Compensation for environmental services from artisanal fisheries in SE Brazil: Policy and technical Strategies ［J］. Ecological Economics, 71: 25－32.

Bryant, Shawn L. The European Ecolabel and its Effects on the Tropical Timber Industry, November 26, 1996. Http://www. American. Edu/TED/woodlbl. Htm.

Burroughs R. 2011. Coastal Governance ［M］. Washington, D C: Island press.

Cairns J Jr. 1995. Ecosystem services: an essential component of sustainable use ［J］. Environmental Health perspective, 103（6）: 534.

Chomitz K M, Brenes E, Constantino L. 1999. Financing environmental services: the Costa Rican experience and its implications ［J］. The Science of the Total Environment, 240: 157－169.

Costanza R, d'Arge R, de Groot R, et al. 1997. Value of the world's ecosystem services and capital ［J］. Nature, 387: 253－260.

Costanza R. 2000. Social goals and the valuation of ecosystem services [J]. Ecosystems, 3: 4 – 10.

Cuperus R, Canters K J, Piepers. A A G. 1996. Ecological compensation of the impacts of a road. Preliminary method for the A50 road link (Eindhoven – Oss, The Netherlands) [J]. Ecological Engineering, 7: 327 – 349.

Cuperus R, Canters K J, Udo de Haes H A, et al. 1999. Guidelines for ecological compensation associated with highways [J]. Biological Conservation, 90: 41 – 51.

Daily G. C. 1997. Natures Services: Societal Dependence on Natural Ecosystems [M]. Washington, D C: Island Press.

De Groot R S, Wilson M A, Boumans R M J. 2002. A typology for the classification, description, and valuation of ecosystem functions, goods, and services [J]. Ecological Economics, 41: 393 – 408.

Drechsler M, Watzold F, Johst K, et al. 2007. A model – based approach for designing cost – effective compensation payments for conservation of endangered species in real landscapes [J]. Biological Conservation, 140: 174 – 186.

Elliott M, Cutts N D. 2004. Marine Habitats: loss and gain, mitigation and compensation [J]. Marine Pollution Bulletin, 49: 671 – 674.

Federal Environmental Agency, Blue Angel: Number of Products Marked with the "Blue Angel" Eco – Label. Http: //www. blauer – engel. de/englisch/navigation/body – blauer – engel. htm.

Hawn A. 2006 – 06 – 16. Conservation economy backgrounder. The Katoomba Group's Ecosystem Marketplace. www. Ecosystemmarketplace. com.

Japan environmental Association, historical Review of the Eco Mark Program. http: //www. Jeas. or. Jp/ecomark/English/pdf/ecohistory_ e. pdf.

Landell – Mills N, Parras I T. 2002. Silver bullet or fool's gold? London: A Research Report Prepared by the International Institute for Environment and Development (IIED), March: 84 – 100.

Mason M. 2003. Civil liability for oil pollution damage: examining the evolving scope for environmental compensation in the international regime [J]. Marine Policy, 27: 1 – 12.

MA. 2003. Ecosystems and Human Well – being: A Framework for assessment [M]. Washington, D C: Island press.

Muradian R, Corbera E, Pascual U, et al. 2010. Reconciling theoty and practice: An alternative conceptual framework for understanding payments for environmental services [J]. Ecological Economics, 69: 1202 – 1208.

NOAA. 1995. Habitat Equivalency Analysis: An overview. Silver Spring, Maryland: Commerce Damage Assessment and Restoration Program, National Oceanic and Atmospheric Administration Department.

NOAA. 1997. Natural Resource Damage Assessment Guidance Document: Scaling Compensatory Restoration Actions (Oil Pollution Act of 1990). Silver Spring, Maryland: Damage Assessment and Restoration Program, National Oceanic and Atmospheric Administration.

Pagiola S, Arcenas A, Platais G. 2005. Can Payments for Environmental Services Help Reduce Poverty? An Exploration of the Issues and the Evidence to Date from Latin America [J]. World development, 33 (2): 237 – 253.

Scherr S, White A, Khare A. 2004. For services rendered: The current status and future potential of markets for the ecosystem services provided by tropical forests. Yokohama, Japan: ITTO [26] Technical Series No. 21, International Tropical Timber Organization.

Sen S. 2010. Developing a framework for displaced fishing effort programs in marine protected areas [J]. Marine Policy, 34: 1171 – 1177.

Study of Critical Environmental Problems (SCEP). 1970. Man's impact on the global environment [M]. Berlin: Springer – verlag.

Villarroya A, Puig J. 2010. Ecological compensation and Environmental Impact Assessment in Spain [J]. Environmental Impact Assessment Review, 30: 357 – 362.